食物·恋——100道有故事的美食

萧 陌 著

内蒙古人民出版社

图书在版编目（CIP）数据

食物·恋：100道有故事的美食/箫陌著.—呼和浩特：内蒙古人民出版社，2025.1

ISBN 978 – 7 – 204 – 16277 – 2

Ⅰ.①食⋯ Ⅱ.①箫⋯ Ⅲ.①饮食 – 文化 – 中国Ⅳ.①TS971.2

中国版本图书馆 CIP 数据核字（2020）第 007486 号

食物·恋——100 道有故事的美食

作　者	箫　陌
策划编辑	王继雄
责任编辑	石　煜　王　曼
责任校对	郭婧赟
出版发行	内蒙古人民出版社
地　址	呼和浩特市新城区中山东路 8 号波士名人国际 B 座
网　址	http: // www. impph. cn
印　刷	内蒙古爱信达教育印务有限责任公司
开　本	710mm×1000mm　1 / 16
印　张	16. 25
字　数	250 千
版　次	2025 年 1 月第 1 版
印　次	2025 年 1 月第 1 次印刷
印　数	1—2000 册
书　号	ISBN 978 – 7 – 204 – 16277 – 2
定　价	98. 00 元

如发现印装质量问题，请与我社联系。联系电话：（0471）3946120

前 言

美食——做的是一种心情，吃的是一种情怀。

古人的吃，是带有仪式感的大事。

春天要"咬春"，春饼色如雪、薄如纸，春韭浅碧，银芽剔透，做一盘嫩黄的炒鸡蛋，团团围坐，唇齿间清脆有声，正是蓼茸蒿笋试春盘，人间有味是清欢。

夏至吃凉面，新麦面香馥馥，纤手揉成雪花团，三转两转，银丝如缕，入沸水、进冰汤，黄瓜丝，芝麻酱，酱醋汁水，碧鲜俱照箸。

秋日菊花酒，一节糯米藕，半篓满黄蟹，持螯对酒桂花下，哪怕世人笑我太痴狂，这秋日吃的是一分醺醺然的醉意，三分东篱茅舍下的洒脱。

冬至则是吃火锅的好时节，腊梅开，秋酿纯熟，几碟菜蔬，半片肥羊，三五好友，围炉聚炊欢呼处，百味消融小釜中。

父辈们的吃，则带着说不出的苦涩。

人们走在大街上，熟识的不熟识的，都会笑呵呵地问候一句——吃了吗？一句问候，简洁明了，腹中饱暖，才能安稳通达，互相的问候也是最直接而纯朴的。

若是在家中请客，则要早早准备，新鲜的时令菜蔬要买来，过年腌起来的腊肉切一碟子，米糠瓮里存了数日的鲜鸡蛋还有几颗，家中的孩子从远方背回来的一瓶好酒，都在计划之中。待到客人来的日子，一桌子丰盛的饭菜，吃的主客尽欢，主人还会谦虚地说一声，没什么菜随便吃点。

对于我们来说，吃是我们了解这个世界的一种方式，走过不同的风景，看过不同的人，品尝过不同的美食。或许在陌生的城市邂逅——一碗家乡味道的手擀面，或许与一个陌生人共饮一壶碧螺春，或许，下一个转身就是笑着挥挥手，后会有期。

城市最纯真的味道，是那些隐在街角巷尾的小吃；人生最美好的情愫，是那些不期而遇的情怀。

春天，在北京的藤萝花下尝一块藤萝饼，希望遇见你。

夏天，在吴江畔饮一杯熏豆茶，希望邂逅你。

秋天，在草原喝一碗马奶酒，希望惦念你。

冬天，红泥小火炉，窗外画梅花，我听见你，踏雪而来！

目 录

第一章
米滋面味温岁月——10道温情米面小点

离家的日子久了，
愈加怀念那黄泥垒成的灶，
想那暄腾腾的馒头、白润润的米饭。
原来，
乡愁不是情感上的回归，
而是味蕾上的追忆。

北京炒疙瘩

> 或许，儿时吃过的东西就是最好吃的吧，或者说，是那些缠绵记忆中最好吃的！

美食，据说有时候会来自某些失误，比如说眼前这碟炒疙瘩。

最早，炒疙瘩是老北京的清真美食，筋道道、爽滑滑的面疙瘩，煮熟过凉，配上不同季节的时令菜蔬，如脆生生的笋丁、绿油油的菠菜，配上细嫩嫩的牛肉粒儿，再来点香干儿，大火爆炒，点香油，加精盐，炒熟后色泽油亮，别提多诱人了。天桥上卖大力丸、举锁子、耍拳脚的要吃它，从学堂里出来的洋学生也吃它，那逛琉璃厂穿长衫吟诗作画的大诗人和画家们也稀罕它这独特的味儿。炒疙瘩可以说是一种介于饭、菜之间的平民小吃，说它是菜，却可以饱腹，说它是饭，还能配各色菜蔬，味美异常，或许也正是这种模糊而朴素的感觉，才能在老百姓的心里牢牢占据着一方柔软，任是地老天荒，也不曾寒凉半分。

当年，最出名的要数穆柯寨的炒疙瘩，此穆柯寨并非杨家将里的穆柯寨。穆柯寨是一对姓穆的娘儿俩开的面馆，生意不好不坏，可勉强度日。有一日生意清冷，剩下不少面坨子，她们便想换个吃法试试，娘儿俩就你一块儿我一块儿的把面坨揪成黄豆粒大小的丁儿，煮熟之后浸在凉水中，随手配了点牛肉粒、萝卜丁、青蒜叶炒了，炒熟后一尝，美味异常而难以停箸。第二日她们又尝试制作，大受食客欢迎，生意日渐兴隆，炒疙瘩自此开始流传开来，大家争相模仿。由于穆家没有男丁，没有开面馆的经营者，最后穆柯寨炒疙瘩便消失在老北京的深巷子里。春去秋来，北京小吃老字号"东恩元居"的马氏兄弟后将这一美食发扬光大，食材愈发讲究，味道愈发可口，炒疙瘩成了老北京人日子里不可缺少的佳肴。

小时候在老家，我的邻居是一位从北京来的老太太，她跟着先生从部队转业来到了山东，那一口京腔从来就没串过味儿，即使到了花甲之年，一张口都是清亮的北京话，还带着点京戏道白的韵味儿，我们这群小孩子就叫她北京奶奶。

驴打滚儿、艾窝窝都是北京奶奶嘴边常说的美味，但是一次都没见她做过，倒是这炒疙瘩是她常常做得来的。现在想来，第一，这道美食制作不复杂，能和蔬菜随便搭，有黄瓜搭黄瓜，没黄瓜胡萝卜也行，都没有就随手从院子里摘几片小白菜叶也行，怎么搭配怎么香。第二，省事，那时候北京奶奶是学校的教员，回家都是背着一兜子沉甸甸厚实实的作业本回来批改，这炒疙瘩啊，菜也可，饭也行，一锅出来不但味儿美、颜色俏，最关键的是全家一人一碟子吃完了，之后麻利利地各干各的活儿。

有时候，北京奶奶会笑眯眯地给我端过一盘子炒疙瘩，放在我常写作业的大石头桌子上，摸摸我的脑袋，抿着嘴巴一笑，说声："吃吧！妞儿。"我专门挑着绵软又筋道的疙瘩吃，最后再吃各色的青菜丁，吃完了打着饱嗝，隔着硕大的葡萄架上垂下来的叶子，对着在院子里批改作业的北京奶奶嘻嘻地笑。

一次偶然，我去了北京，点了一份炒疙瘩。上来之后，细细端详，青瓷盘子，金黄疙瘩，莴笋丁、青豆粒、青蒜苗、牛肉粒，滋味醇香，淡雅美观。抄起筷子吃了几粒，却总感觉不是记忆里那个味儿了。或许，儿时吃过的东西就是最好吃的吧。

离开家乡二十年，我再也没吃过北京奶奶做的好吃的炒疙瘩。

天津耳朵眼炸糕

民以食为天，"糕"取"高"字的音，有步步登高之意，有些美食，寓意大于美味，人们在吃里寄托了多少希望啊！

说到"炸"字，我就不由得想，要过年了吧。虽然早已过了盼着过年的年纪，但是看到这个字，依然有种莫名的温暖。那是属于一个特殊时代的印记，像我们这群生于二十世纪七八十年代的人，每次在超市里看到那些炸成金色的丸子麻团、炸糕，都会忍不住多看几眼，不一定多么想吃，但是那几眼里带出的却是实实在在的回忆。

最初的耳朵眼炸糕是穷家小户吃的一种奢侈食品，平常的面，平常的豆，平常的买卖。据说卖炸糕的刘万春是推着一辆独轮车在老天津的耳朵眼胡同口摆小摊的，在炸糕出名之后，那条叫做耳朵眼胡同的巷子也就出了名，与其说是巷子给了炸糕一个落脚的地，不如说是炸糕给了巷子一个有趣的招牌，但也正是如此，耳朵眼炸糕在天津人的往事里算是扎根生芽儿了，这一切也都给炸糕贴上了一个亲民的招牌。

第一次吃炸糕是跟着奶奶去天津的姨奶奶家里，早餐桌子上不但有油条大饼，还有油炸的点心，色泽金黄，整整齐齐地码放在白瓷盘子里，闻一闻，泌人心脾的香油味，看着就让人食欲大增。姨奶奶用朱红色的筷子夹了一个放在我的碗里，说："这耳朵眼炸糕就得趁热吃，凉了，味儿就不是这个味儿了。"奶奶没有吃，只是喝着稀粥笑了笑说："家里也常吃这个。"我惊讶地看了奶奶一眼，忍住肚子里的馋虫，一小口一小口地吃完这个炸糕，在心底里深深地叹息，这世上最好吃的东西莫过于此了，如此金贵的东西，我只吃了一个，然后看着那盘精致的小点心被收起来，心里就想，等我有钱了，就要吃大大的一碟子，一个人全部吃完。

两天后，奶奶带我离开姨奶奶家，坐上火车，奶奶长长地舒了一口气，从兜里掏出一个裹着里三层外三层的油纸包，打开后是三个油晃晃、金灿灿的耳朵眼炸糕。奶奶摸着我的头说："亲戚啊，远道儿了就不该走动了。"下了火车，我们没有钱坐汽车，奶奶牵着我走了二十公里的路。

在我的整个童年时期，炸糕是一种奢侈的食物，而奶奶的谎言也让我知道生活的困窘有时候需要强大的自尊去支撑。过春节要做炸货，炸鱼、炸丸子、炸豆腐，这一切都装在一个柳条筐子里吊挂在屋梁上，是春节待客的食物。炸糕，也会有，我家做的简单，只是把黏米蒸糕切成手指粗细的长条在油锅里炸成金黄色，捞起来撒上少量的绵白糖，没有豆沙馅儿，也没有那个圆圆如月的形状。就是如此，也不能多吃，因为那是用来招待春节串亲戚的小孩子的，端上一碟子来，孩子分上一条两条，剩下的要收起来，这一点倒是很像记忆里那盘被收起来的耳朵眼炸糕。越是如此，我就愈加怀念那个叫做耳朵眼的巷子和那热腾腾的炸糕。

结婚之后，一次偶然，我与先生去天津，耳朵眼胡同还在，耳朵眼炸糕却已经不是当年那个放在盘子里的小点心了。卖耳朵眼炸糕招牌店的店堂古香古色，窗明几净。当那热腾腾的炸糕托在小小的白瓷盘里端到我眼前时，我的心里却一阵一阵的酸楚，久久不敢下箸，老公笑着摸我的头说："常听你念叨，吃吧，想吃多少就吃多少。"含笑看着眼前这个男人，温暖替代了那些无言的酸楚，我知道，他在用一种不着痕迹的包容与宠溺淡化我回忆中那些无法随着岁月消除的隐痛。临出门的时候，老公又说："买几盒送朋友吧，这天津的小吃，还就是这个，多少年都是原汁原味的，都上了国宴，外宾来了，都专门点这耳朵眼炸糕和十八街的麻花呢。"

在某些年月，吃，会生出一种痛，如同那盘精致的炸糕，一直沉甸甸地压在我的心底里许多年。

山西碗托儿

听着老板戏曲道白一般的腔调儿，我们仿佛穿越了一般，古城
就是我们前世的家园，我们就是古城中的一抹虹影霓裳的艳色。

晶莹光亮，粉白微青，圆整小巧的形状，啪—— 一声脆响，扣在盘子
里，撒上鲜红的辣椒，点上翠绿的香菜，再来一勺香醋、酱油、麻油调成的
汁儿，色香味俱全，吃一碗解馋，再来一碗，方能慢慢品尝其中的鲜香麻
辣，滑爽宜人。我很少吃面食，却独对这碗托儿钟情得很，由此也爱上了山
西的这方土地。

"世界面食在中国，中国面食在山西。"山西的面食花样繁多，与山西
的老陈醋一样名扬四海。一次偶然，我来到了山西，同行的朋友是山西的，
热情豪爽却也精明得很，大家常常叫他"老西儿"，他不但不气恼，还会自
豪地说："来山西不去平遥古城那就是白来一遭，来平遥古城不吃上一碗碗
托儿那就要后悔三辈子。"碗托儿是山西独有的一种小吃，大街小巷里随时
可以见到，简陋的小摊子，却也热热闹闹。碗托儿又叫碗凸、碗团、灌肠，
是山西最常见的一种小吃，也是最受欢迎的小吃，其中尤以平遥、柳林、保
德三个县的味道最为正宗。

平遥是历史悠久的文化古城，是我国现存最为完好的四大古城之一，平
遥的碗托儿距今有一百多年的历史，据说当年的慈禧逃难到平遥古城时，城
南堡的名厨董宣端上一碗嫩生生、凉丝丝的吃食，入口即化，鲜香无比，慈
禧用膳后心中大悦，重重有赏，而这平遥的碗托儿从此也就名声大振，成

为山西有名的小吃。所以，我们决定一定要去平遥古城尝一尝慈禧吃过的美食。

那日，同行的坤儿姐算是资深驴友，对当地的小吃如数家珍，听到我念念不忘碗托儿的时候笑得合不拢嘴，说："今儿个不但碗托儿管够，灌肠也可以敞开肚皮吃。"我认真地说："我吃素，不吃肉呢。"周围的朋友都窝着嘴偷笑，笑得我有些不知所措。平遥古街上的老房子，小吃街的门脸都是古香古色、原汁原味的，淳朴之风让来到这里的人们心里都是暖暖的。

我们进了一家干净的小店，还不是饭点儿，所以人不多，老板也好说话，一听说我想看碗托儿的做法，就爽快地答应了，笑呵呵地说："这可是家传的手艺。"碗托儿有荞麦面和白面两种，白面不稀罕，倒是荞麦面，多少带点青色。荞麦面先用温水拌成面穗儿，然后再加入盐水、新榨出的菜籽油和花椒八角泡的大料水，调成不稠不稀的面糊糊，盛入一个个巴掌大小的白瓷碗里，上锅急火蒸熟，蒸的过程中还得隔一会儿搅匀，若是沉淀了就会影响色泽和口感。整套工序有条不紊地进行着，如行云流水般，直到一碗晶莹剔透的碗托儿扣到瓷盘里，才算是看到碗托儿的本来面貌。

碗托儿可热炒，必须得用猪油，加入大蒜片、黄豆芽、山药丁，喜欢辣可来勺辣子油。不过荞麦碗托儿更适合冷食，案板上砰砰砰几声脆响，圆溜溜的碗托儿被切成面条状摆在盘子里，加醋、蒜泥、芝麻、大料水、辣椒末儿、香油，捏上一撮香菜末儿，不说味道，单单这缤纷的色彩就足够勾起我对美食的所有回忆。一碗下肚，凉爽、清香、光滑可口，春末夏初正当时。

大家吃完后貌似意犹未尽，坤儿姐笑着说："老板，再来碟灌肠，辣子多多的。"我急迫地说："老板，我是吃素的。"老板一愣，接着笑呵呵地走进后厨去了。仿佛有什么私密或者是约定，而我恰好就是那个被隐瞒的人，心里嘀咕着，反正我是不吃的。不一会儿，上来一碟用油炸的三角形金黄色的菜肴，上面还扎着细细的牙签儿，还浇上芝麻酱、蒜汁、陈醋或者盐水。大家你一块我一块儿吃得不亦乐乎，我禁不住诱惑，小心翼翼地拿起一块，咬下一小口，一种独特的香味顿时充盈了整个口腔，但是绝对不是我曾吃的老北京灌肠的腥荤味，看着我愣住的样子，大家笑得前仰后合。憨厚的老板说："这也是碗托儿呀，小名儿就叫灌肠，这个做法也有点接近于北京的灌肠，但是我们这个绝对是养胃温补，常吃还能美容养颜、延年益寿。"呀咦——呔！"

听着老板戏曲道白一般的腔调儿，我们仿佛穿越了一般，古城就是我们前世的家园，我们就是古城中的一抹虹影霓裳的艳色。

内蒙古羊肉烧卖

内蒙古的风是凛冽的，内蒙古的冷是刺骨的，内蒙古的人是豪迈的。大碗草原白酒，大块手把肉，喝得爽气，吃得大气，而烧卖却是这份豪迈中点缀着的一朵格桑花，精致而明丽。

大学的时候，系里有个来自大草原的师兄，他喜欢吃包子，把学校附近能打听到的包子铺吃了个遍，江南小笼，广东烧卖，济南银都园素包，红油抄手大馄饨，每次吃完他就说仨字："凑合吧。"我们特想知道，哪一种包子能让师兄说出个"好"字来。那年去天津写生，系里的天津妹子尽东道之谊带我们吃了有名的煎饼果子、狗不理包子，师兄一次吃完了两笼狗不理灌汤包，他那带着几分不屑一顾的眼神缓缓从我们脸上扫过，掷地有声地吐出三个字："包子，拙！"

当时，我们都诧异了，因为狗不理包子小巧玲珑，十八个褶子菊花顶，俊俏得算是包子里的西施了，竟然在这个粗犷的内蒙小哥嘴里落了个"拙"字。旁边有个天津妹子就不乐意了，翘着薄薄的嘴唇，带着七分娇嗔三分怒气地说："你也就是个吃手把肉的肚肠，哪里品得出什么是佳肴美馔呢。"

其实，我不是很喜欢吃包子，顺带也不怎么喜欢用面皮裹着各种馅的相似的吃食，比如小馄饨、饺子。但是却喜欢这种像极了包子却比包子精致得多的小吃。在广州的时候，跟朋友去吃早茶，来一笼烧卖，玻璃纸样薄的皮，不封口，菊花顶，隐隐约约能看到糯米之类的馅心，广东菜偏甜味，所以烧卖也大多是这味儿。即便是有些青菜香菇之类的，也是清淡的，不过总觉得这也只能是一种小点心，不如包子、馒头能饱腹。后来，我终于吃到了师兄口中的内蒙古包子——归化城羊肉烧卖，才算明白，确实，包子跟这样精致的烧卖相比，只一个字形容，那就是"拙"。

在内蒙古呼和浩特市，任你走遍全城的大街小巷，烧卖也只有一种馅儿，那就是羊肉馅儿。据说有这样一个有趣的故事，明末清初时，那时呼和浩特被称为归化城，在大南街大召寺附近，有小哥俩以卖包子为生，相处也算是一团和气。后来哥哥娶了媳妇，嫂嫂就要求分家，包子店归哥嫂，弟弟在店里打工，善良的弟弟身上的银两除了够吃饱的钱以外，再无分文，为增加收入以后娶媳妇，弟弟将包子上炉蒸时，就做了些烫面的皮开口的"包子"，区分开卖，卖包子的钱给哥哥，"捎卖"的钱给弟弟自己积攒起来。很多人喜欢这个不像包子的包子，将其取名为"捎卖"，后来经过名称演变，向南传播就改叫烧卖了。一样的面，一样的馅儿，只是少了一个小小的步骤，便改了颜色，换了味道。门外是天寒地冻，门内是温暖如春，端坐在铺了厚厚的羊毛地毯的蒙古包中，一阵浓郁的香味扑鼻而来，端上来的烧卖色泽晶莹如雪，形如小小的石榴，外皮薄如蝉翼，隐隐约约能露出里面淡粉色的羊肉馅，上面是带着细细的油珠似的浓汁，清香可口，沁人心脾。

端一个小碟子，用筷子小心翼翼地提起一只烧卖，垂垂如细囊，赶紧用碟子盛放，吸一口菊花顶上的汤汁，鲜！轻轻咬一口透明的皮，嫩！再来一口馅儿，那才叫够味儿，浓厚多汁的羊肉丸，咬到嘴里还带着点弹性，这个时候不由得会让自己变得细致起来，不能五指飞动，亦不可做出饕餮状。细致地吃完，端起一旁泡得恰到好处的砖茶，一直喝到满口生香，这才算是吃完一顿大草原的茶点，不过这时候的茶绝对是配角，主角就是那被称为"玻璃饺子"的羊肉烧卖，据说这砖茶也是特制的，专门为了吃多羊肉之后解腻止渴助消化的，所以在别处也是见不到这样味道浓厚的茶。

天苍苍野茫茫，风吹草低见牛羊，内蒙古的风是凛冽的，内蒙古的冷是刺骨的，内蒙古的人是豪迈的。大碗草原白酒，大块手把肉，喝得爽气，吃得大气，而烧卖却是这份豪迈中点缀着的一朵格桑花，精致而明丽。

上海生煎

　　若是这辈子还能居住在上海，我一定会每天起个大早，去寻觅巷子口熟稔的身影，然后用我生了老茧的手捧着二两热乎乎的生煎馒头，一路走回巷子深处的家，是的，家，就在记忆的最深处，岁月愈长，回忆愈久！

　　说到上海，就会想起《半生缘》，想起一个叫张爱玲的女子，曾经住在一座有着咯噔响的木楼梯的楼上，那穿了长衫的胡兰成会日日来寻她，只为看看就好，这样的爱情故事当初想来也是荡气回肠的。想起穿着旗袍的曼璐拈起一只生煎馒头，咬了一口，说："该死，肉还是生的！"肉是这样颜色。曼璐在《半生缘》中是一个让人恨、让人怜、让人佩服又让人无奈的角色，就如同那只没做好的生煎。

　　印象里上海是有一点子矫情的城市，百老汇，穿着旗袍的舞女，文艺范儿的女作家，还有那明明是包了馅却偏偏叫馒头的上海生煎，总之，上海是一座时髦而花哨的城市，充斥着浓郁的小资味，缺少老北京深厚的底蕴。老北京人早上隔着老远就会问一句："吃了没您呢！"一听就带着一股子亲热劲儿。而上海人则骄矜了许多，男人也带着几分女人的袅娜与精致，上海话一说出来就带着三分娇嗔两分矜持，这是其他城市没有的，据说上海方言中没有"包子"这个词，类似的食品都叫做馒头。所以上海人拿来做早点的锅贴生煎也要跟俗气的包子撇个清清楚楚。包子在油里煎成金黄色的底，上面白胖，撒上细细的葱花，再来点黑芝麻，一个个小巧娇嫩，上海人把它叫做生煎馒头。

人行走江湖要个名，名门之后方能拿得出手，这生煎馒头虽然源自苏州，但是真正做得名声大噪的却一定是在上海，而且还衍生出了几家颇具特色的店，例如老字号萝春阁、大壶春、丰裕，还有后起之秀小杨生煎，虽然都是生煎，味道却各有特色，但有一点是一样的，那就是精致。不管是和面还是调馅，甚至生煎过程中的火候，要是听听老师傅们一一道来，也能写出一本美食界的武林秘籍。

最早的生煎馒头，其实也是在大街小巷口的吃食，滋养的是那些来来往往挣扎在最底层的老百姓们的肠胃。一个柏油桶改造的炉子，平底大锅端坐其上，扎了白布围裙的老师傅待锅烧热后，操起油壶在锅底倒上油，将裹了肉馅的小馒头一个个摆放整齐，再浇上重油，泼上一些水，盖上木制锅盖。少顷，师傅不时转动平底锅，数分钟左右，揭开锅，随即手一扬，撒上一把葱花，又撒上芝麻，盖上厚重的木制锅盖一两分钟后，起锅后一股香气便扑鼻而来。顾客买上几个，忍不住咬一口，顿时满嘴生香，其味浓浓，美味无比。这就是生活，这就是传统意义上的上海生煎馒头，生在街头巷尾，滋养烟火人生。

大壶春算得上是上海的老店，据说与萝春阁的师傅是一家子，但是后来随着岁月更迭、世事变迁，我们能见到的就是大壶春了。中国的文字很俏皮，当年大壶春并非今日见到的这个"壶"字，而是"壸"，此字解为宫中巷道，一个颇有些气势的字眼，但是老百姓能认识的有几人呢，来来往往便读成了"壶"字，就这样以讹传讹，成为了今日我们见到的大壶春。那年去上海，朋友拿这个字来考我，我们以此做了一次谈笑之资，但是我腹诽许久，第一次读错这个名字的人一定不仅我一个，也正是因为这个有趣的事，坐在大壶春吃生煎的人会留下一个很长时间都不会消失的带着笑声的回忆。据说大壶春的生煎还有标配的食物，那就是一碗咖喱牛肉汤，这种搭配应该算是中西文化的一次完美融合。

人们总觉得有些东西是上不了台面的，比如生煎，坐在优雅的环境里，墙壁上挂了字画，屋子里雕了门窗，甚至桌子上还垂下绣花桌巾，吃起饭来也会带出一种庄重的仪式感，而这个吃，却恰恰是最不能有仪式感的。所以，人们还是怀念那个在街头放置的柏油桶炉子和平底锅。

　　若是这辈子还能居住在上海，我一定会每天起个大早，去寻觅巷子口熟稔的身影，然后用我生了老茧的手捧着二两热乎乎的生煎馒头，一路走回巷子深处的家，是的，家，就在记忆的最深处，岁月愈长，回忆愈久！

浙江青团

吃过了青团，日子就一日紧似一日。艾草疯狂地生长，日子也如白驹过隙。待到下一个吃青团的日子，是有些心惊的，我的日子呢，仿佛昨天还是灶台前烧火的娃娃，今日就成了远在他乡的游子。

清明时节雨纷纷，路上行人欲断魂。借问酒家何处有？牧童遥指杏花村。清明节，这个节日是带有一点忧伤的，思怀故人，心有哀戚。

但是对于孩子来说，或者对于我们童年的记忆来说，更多的则是一种欢欣。踏青，吃青团，放纸鸢，满满的都是笑声。

青团，是一种极其美丽的小吃，或许你会笑，小吃，用"美丽"二字不如用"美味"一词。不不不，青团，就是把春天用独特的方式留在我们的记忆里，甚至让春天成为我们身体的一部分，为我们生出美丽的回忆、美丽的故事。所以，可爱的你，坐下来吧，静静听我说来。

青团在江南是一种季节性极强的吃食，清明前后，都能看到青团的影子，所以又叫清明团子。青团色泽青绿，因为要用到艾草，当然还可以用鼠曲草或者是泥胡菜，据说还有加入丝瓜汁的。总之，做成绿色的糯米团子貌似都可以叫青团吧，但是真正的青团还是用艾草的嫩叶榨汁和面做成，那颜色真的似绿宝石一般，甚是喜人。

三月，草长莺飞，四月，杏花如雨。

山坡上的艾蒿扬着嫩生生的巴掌样的小叶子开始在风里招摇，带着苦涩的药香便把春天的河水染绿了。这时候，不管是大姑娘还是小丫头都挎着小竹篮子，带着一把小剪刀去挑选做青团的艾蒿。这个太大了不要，那枝子太老了也不要，专门挑嫩生生带着露珠的艾蒿头，两寸长，生着茸茸的灰白色细绒毛，小剪刀一挑一弯，咔嚓一声脆响，就落到了篮子里，太阳一竿子高的时候，勤快的姑娘们已经挎着篮子袅袅婷婷地走在乡间的小路上了。

剩下的就是母亲的活儿，将艾蒿洗净剁碎煮到大铁锅里，加入少量石灰粉，搅拌均匀，大锅烧开，撇去浮沫，沉淀之后，用细细的纱布过滤除渣，一盆艾蒿汁就做成了，色泽碧绿，仿佛一大块带着淡淡药香的宝石，让你忍不住想用手去碰一碰。

青团不仅是清明时节的特色小吃，还能用来祭祀逝去的亲人，所以做青团的过程也带上了一丝庄严。母亲把那雪白的糯米粉用沉淀好的艾蒿汁和成柔软筋道的面团，在手心里轻轻一摁，微微拱起的掌心里就是一个碧绿色的小窝儿，然后再填上早就准备好的馅儿。馅儿也分甜咸两种，甜的就用红豆沙，咸的就用春笋丁、豆腐泡、胡萝卜、香菇丁拌好的馅儿，这是素馅儿的。喜欢荤馅儿的，还可以加上稍微肥点的五花肉，拢住口，慢慢地揉捏成圆滚滚的形状，摆在洗好的笼屉里，下面垫上洗干净的"青叶娘"的树叶子。"青叶娘"的树叶子大约半个手掌大，略长，春天里开出黄白色的花儿，香得很，这样蒸出的青团带有一种清淡而悠长的青草香气。有时会垫上包粽子的箬叶或者是剪成小块的荷叶，总之，这个叶子是什么植物不重要，重要的是这样做既不会粘在笼屉上，又能借叶子的清香。

上锅的青团是一种诱惑，平时顽皮的小孩子也依偎在母亲的身边在灶台下烧火，为的就是能吃到第一锅的青团。据说，在浙江，还有抱着幼小的孩子去左邻右舍讨青团吃的，因为青团又叫清明果或者是聪明果，谁不想自己家的娃娃聪明伶俐呢。

吃过了青团，日子就一日紧似一日，艾草疯狂地生长，日子也如白驹过隙。待到下一个吃青团的日子，是有些心惊的，我的日子呢，仿佛昨天还是灶台前烧火的娃娃，今日就成了远在他乡的游子。

那年清明，我买了艾叶插在门楣上，隔壁的姑娘说："我们那儿要吃青团了，母亲做的青团是最好吃的。"

藏族酥酪糕

酥酪糕不仅仅是一种小吃，还代表着祝福与祈愿。

藏地，在我的印象里，是一个神秘、古老，甚至带有一种无边无际的怅惘的地方，那是酥油茶、青稞酒的领地，是磕着长头，书写着心底最质朴而虔诚的原乡。

第一次见"酥酪"这个词，是在《红楼梦》第十九回贾元春回家省亲，回宫之后，专门派人赏了一样吃的给宝玉，这个吃的有个好听的名字，叫糖蒸酥酪。宝玉舍不得吃，留给袭人。后来被宝玉的奶妈李嬷嬷看见，拿匙就吃，一个丫头道："快别动，那是说了给袭人留着的。"李嬷嬷听了又气又愧，便说道："我不信，他这样坏了。且别说我吃了一碗牛奶，就是再比这值钱的，也是应该的。"据专家们考证，《红楼梦》里出现的糖蒸酥酪，就是用醪糟和牛奶特制的酸奶，在过去物质匮乏的年代，这可是皇室和贵族才能享用的，由此就认为这些东西都是精致的，跟西藏的粗犷与淳朴是扯不上干系的。但是，在西藏，就有这么一道精致的美食，名字叫做"醒（chéng）"，又叫酥酪糕。

酥酪糕是西藏特有的一种小吃，虽然家家都会做，但是户户味不同。藏地高寒，奶制品、肉制品成了日常生活中必不可少的食物，酥酪糕就是用提取奶油之后的奶酪烘干磨成粉，再加入大量的黄油、人参果、白糖、葡萄干等配料，在容器里摆成方形或者圆形，上面撒上葡萄干，上笼屉蒸熟制作而成。据说这个酥酪糕是不能热吃的，要放凉了再吃。家中来了宾客，酥酪糕被切成薄薄的片儿，配上一杯热乎乎的酥油茶，就成了招待客人的美味佳肴。

我没去过西藏，所以这些都是以文字的形式存在于我的臆想当中。如果没有朋友从西藏带回酥酪糕，我会把这份想象当中的景致一直保留着，演绎着。

好友是个资深驴友，她说，若不去西藏，这一辈子都会在心底里留着遗憾。她给我带回的围巾，带回的唐古拉山口的石头，带回的一张张布达拉宫的照片，如同西藏的阳光，铺陈在我的整个房间。最后，她小心翼翼地从行李包中取出两个保鲜盒，一片片金黄色的酥酪糕整整齐齐地摆放在保鲜盒中。我看着她郑重的模样，便小心翼翼地拈起一片放入口中，口感很细腻，但是浓郁的奶香味却有些难以接受。朋友说，九月的天，纳木错已经开始下雪了，车抛锚后，他们住在希望小学的教室里，是牧民帮着把车从山沟里推到学校。半夜，一群十岁的孩子和一盏酥油灯陪他们驱走了寒冷。朋友掏出身上所有的钱，为孩子们买了书包和文具。返程的时候，学校的老师和牧民们做了酥酪糕，说要用来款待最尊贵的客人。孩子们悄悄对朋友说，酥酪糕只有过藏历年的时候才会吃到。

朋友他们一行人离开纳木错的时候，行李变得沉甸甸的，那块酥酪糕若千斤重，每次拿出来，他们都会想起孩子们的目光。那份信念或许一直都在随着我们的脚步远去，穿过雪域高原，走过布达拉宫。

朋友说过，酥酪糕不仅仅是一种小吃，更代表祝福与祈愿。

西安贾三灌汤包

坐在干净整齐的厅堂里，气定神闲地吃完一笼包子，这样的日子，是不是惬意得很呢，会让你觉得日子的脚步都放得格外缓慢。

去西安要去华清池，即便做不得侍儿扶起娇柔无力的杨贵妃，也得去体会一下温泉水使人滑润凝脂的慵懒。至于吃，来到西安那就必须得吃一笼贾三先生的灌汤包。朋友们都说，西安的小吃虽然多，但"贾三灌汤包子"是名头最大、字号最为响亮的西安小吃。

包子，在北方是最寻常的面食，家家都会做。勤快的小主妇给粗大的瓦盆里的面团盖上一块花布手巾，放置在炕头上。然后麻利地从后院的菜畦里割一把韭菜，从大街上切一块豆腐，韭菜切成末儿，豆腐剁成丁儿，一勺子盐，半调羹糖，喜欢荤味撒下一大把小虾皮，一会儿菊花朵样的大包子就上锅了，茶碗粗细的柴火燃起红红的火焰，用不了多久扑鼻的香味就笼罩了整个院子。新出锅的大包子，雪白敦实，一个个被从笼屉里拾出来放在高粱杆儿串成的算子上，像胖乎乎的娃娃似的。北方人实诚，包子也做得实诚，一个就有碗口大，饭量小的吃两个大包子就能撑得抚着肚子打一溜儿饱嗝儿。

同行的三弟对各地美食略有研究，跟着他出去，不但可以吃得惬意，还能吃得地道、吃得正宗。从华清池出来，他就笑呵呵地说："灌汤包，还是得吃贾三。"贾三先生信奉伊斯兰教，所以包子用牛羊肉做馅。贾三包子铺的门脸颇有伊斯兰教特色，韵味十足的仿古建筑，雕花的屏风，描金的柱子，看得我竟然有种进了帝王家的感觉，仿佛不是来吃包子，而是来深宅大院里探寻历史踪迹。

来的较早，食客不多，阔大的厅堂里就坐了三五位客人，所以点的两个小笼包子不一会儿就端上来了。第一次吃贾三灌汤包，我们就被包子的精致给惊艳到了，天津狗不理包子菊花顶十八个褶子算得上精致了，没想到贾三灌汤包形如灯笼，色如白绸，在这个形上就毫不逊色。

要说正宗灌汤包，贾三先生家的首屈一指，历经三年初创，五年立基，十年的潜心发现，二十年的不断出新，创制出了"灌汤"形式，由此影响到其他带有地域特色的灌汤包。我们吃的是包子，体会到的是一种传承，一种踏实肯干的精神。

洁净的细瓷碟子，调好的蘸料，香醋辣油一样不少，我夹起一只灌汤包颤颤巍巍地放到碟子里，三弟笑着说："斯文，一定要斯文，否则就是满脸开花。"看着我不解的样子，他促狭地一笑，看着三弟的神色，我也不由得放缓了速度，轻轻夹起包子咬破一小口，慢慢吹凉，这时候是最急不得的，最需养心静气，半晌之后，嘬起鲜美的汤汁便顺喉而下，咬一口包子馅，有韧劲儿的牛肉丸咬在口里，筋道得很，鲜嫩嫩的很是过瘾。整个过程仿佛参加一个仪式似的，直到咽下最后一口包子，我才顺手抹一把额头上细细的汗珠，看着眼前目瞪口呆的三弟，不好意思地笑了笑。

一直很好奇，灌汤包中的汤汁是如何加进去的，三弟说："其实这就是一层窗户纸，不捅破的时候神奇得很，说穿了就是一个选料。"上好的牛骨髓汤凝结成肉冻，切碎成末儿，调入剁好的黄牛肉馅里，入笼屉蒸熟，肉冻也就受热化开，成了浓郁鲜美的汤汁。说起来简单，做起来不容易，不管是骨髓汤的火候，还是牛肉馅儿的配料，都是极其讲究的。特别是近几年，贾三灌汤包为了更贴近民心，又推出了素馅灌汤包，颇受女性朋友的欢迎，品尝美味，素食养生，一举两得。

贾三先生的灌汤包如今已是名满天下，在北京都能寻到其连锁店的影子，可以说，贾三灌汤包已经成了西安的活招牌，而与之相配的糖蒜和甜糯养胃的八宝紫米粥也成了吃贾三灌汤包的标配。想象一下，坐在这样干净整齐的厅堂里，气定神闲地吃完一笼包子，这样的日子，是不是惬意得很呢，会觉得时光的脚步都放得格外缓慢。

朋友们静下心来，在最平常的人间烟火里寻味生活的真谛吧。

宁波汤圆

时隔数年，我在山东过元宵节，一大碗炸的金黄的元宵被小侄女穿在竹筷子上，她说这就是黄金满串。我不由得笑了，想起那个花白头发的老人，她温柔如水地笑着，坐在窗子边上，挽着袖子，包出一只一只圆润润的汤圆，她说，这就是个点心，吃个新鲜味儿。

若不去南方，我一直以为元宵就是汤圆，汤圆就是元宵，唯一的区别就是南北方的叫法不同而已。后来去了宁波，我才知道，北方的元宵是滚的，而宁波的汤圆是包的，是两种截然不同的食物，不但做法不同，就是吃的时日也是不一样的。在宁波，冬至要吃汤圆，大年初一要吃汤圆，正月十五还要吃汤圆，这一个个吃汤圆的日子就如同一串一串美丽的珠子，串起了宁波人一日一日的时光，每一日，每一口，都是无比的甜蜜。

据说，最早的汤圆与元宵都有一个好听的名字，叫浮元子，都是春节期间必吃的小吃，不一定能饱腹三餐，但绝对是端得上桌面的待客小点。北方的元宵就像北方的姑娘一样，即便是再娇柔也带着三分豪爽一分英气。不说别的，单单是在春节过后的正月十五，大街小巷里都有煮元宵的摊点，摊点师傅把早已和好的馅儿压成圆饼状，操着一把雪亮的钢刀将圆饼的馅儿切成拇指肚大小的丁，在满筛子的糯米粉中滚十几个来回，就成了一个个粉糯糯的圆子。旁边的铁皮炉上滚水正开，将滚好的元宵下了锅，不一会儿，满锅子里浮起胖胖的糯米圆子。干燥的糯米粉吸足了水分，变得圆滚滚、油润润，如雪团一般，滚上几滚，捞起来放到青瓷碗里，上面再来上几粒金黄色的糖渍桂花，浇上一勺子黏稠的汤，这一碗吃下去，肠胃浅的就饱了。

那年，我去了浙江，住在朋友家里，朋友的母亲是浙江人，说话是吴侬软语，六十岁的人，却总是带着一股子小姑娘般的柔婉。她说，来了客，这一碗待客的汤圆是必不可少的。那天，窗外小雨渐渐沥沥，就在窗前，老人家用上好的猪板油拌上炒香的黑芝麻粉，再加入绵白糖做成馅，自己舂了糯米粉和成糯米团，揪出一个个胡桃大小的剂子，她不用擀面杖，而是拿起剂子窝在掌心里，按成扁圆形，用竹调羹舀起馅儿放在中间，然后捏起来，团成一个一个光润的汤圆。

老人一边包汤圆，一边轻柔地说着汤圆的故事。宁波汤圆以当地鄞（yín）州区钟公庙街道的"缸鸭狗"汤团店历史最为悠久。"缸鸭狗"真名叫江阿狗，原来在宁波开明街开店，他用自己的名字作为店名，并在招牌上绘了一只缸，一只鸭子，一只狗作记号，也正是这个别出心裁的招牌，引起了人们的兴趣，同时因为江阿狗用料精细，价廉物美，大家都喜欢吃他做的汤圆，之后他的生意越做越大，远近闻名。旧时，开明街还流传着这样的顺口溜："三点四点饿过头，猪油汤团'缸鸭狗'，吃了铜钿还勿够，脱落衣衫当押头。"能让人脱了衣裳当押头的汤团，这味道堪比神仙汤麻姑酒了吧。

接着兴致，老人还念了首汤圆诗："颗颗圆圆像龙眼，蠢饕爱吃要功夫。拌云漫舀银缸水，抟雪轻摩玉掌肤。推入汤锅驱白鸭，捞来糖碗滚黄珠。年年冬至家家煮，一岁潜添晓得无？"本来有些拗口的诗句，被老人家以舒缓柔婉的语调念出来，竟然分外的美，若窗外潺潺流水，温润入心。

老人家将煮好的汤圆端上来，每碗五只，清澈的汤底还加上了几丝陈皮，浮着几朵糖桂花，看的人食欲大增，老人笑着对我们说："这个汤圆吃的时候急不得呢，会烫了嘴。"

我轻轻咬一口老人家做好的汤圆，软糯的皮，柔滑的馅儿，少了北方元宵的硬朗和粗粝，简直可以说是入口即化。看着我们意犹未尽的样子，老人笑嘻嘻地掭着调羹里的一只汤圆说："这个也就是个点心，吃个新鲜味儿，要是当饭吃是万万不可的。"

时隔数年，我在山东过元宵节，一大碗炸成金黄色的元宵被小侄女穿在竹筷子上，她说这就是黄金满串。我不由得笑了，想起那个花白头发的老人，她温柔如水地笑着，坐在窗子边上，挽着袖子，包出一只一只圆润润的汤圆，她说，这就是个点心，吃个新鲜味儿。

　　回忆至此，突然想起《晏子春秋·内篇杂下》中所记载的句子："橘生淮南则为橘，生于淮北则为枳，叶徒相似，其实味不同。所以然者何？水土异也。"看来，一方水土养一方人，或许，只有在宁波，才能吃到那样细滑的汤圆吧。

临夏酿皮子

　　人，不管到了何处，那个叫做故乡的影子就会一直随身隐藏，只要有一丝丝灯光，他就会真实地唤醒你心底沉睡的梦。

　　有一种乡愁，想起来，会让你热血沸腾。
　　有一种乡愁，念起来，会让你魂不守舍。
　　有一种乡愁，咽下去，会让你想起一口热辣辣的老酒。
　　有一种小曲儿叫花儿，有一道美食叫临夏酿皮子。
　　楼下的老马是回族人，他习惯说："我们临夏的酿皮子才是最地道的，你们济南的凉皮根本上不了桌。"每次说起这句话的时候，老马的眼睛里都会放光，就像大山上清晨开出的野花，亮得灼人的眼。我们都嘲笑他哪是临夏人，出来都三十年了，也没见回去过几趟。说这话的时候，老马一般是不会搭理我们的，而是手里一边调着酿皮子的酱汁，一边轻轻地哼起带有黄土地味道的小曲儿，粗犷却深情。
　　故乡对于漂泊在外的游子来说，总是以一种乡愁的姿态出现，或许伴着一杯酒，或许伴着一弯弦月，或许只是某个文人墨客笔下的一缕笛音。但是在临夏，这个词在乡愁中却好似一捧火焰，带着灼人的热情，带着一种说不出的豪迈，与那些带着热辣辣的酒气的花儿一起迎面扑来。
　　虽然离开家乡多年，但是在老马的眼里，一碗酿皮子，一曲荡气回肠的花儿，甚至一句带着临夏羊肉味儿的问候，都如那段舍不得择不出的根，随着年岁的增长，日益茂盛、葱茏。

老马的父辈年轻时就已经离开了临夏，在济南落脚做酿皮子。老马在七岁的时候也离开了临夏来到济南，成为一位离家的游子。老马虽然是喝着济南趵突泉的水，吃着济南的煎饼果子和烤地瓜长大，却依然是个彻头彻尾的临夏人。他会唱花儿，会在每年开斋节的时候做各色油炸馃馃分给邻居家。最关键的是，他还在济南这个远离家乡的城市里卖着原汁原味的临夏酿皮子。

老马的酿皮子口味地道，筋道的面皮，配上酸爽辛辣的酱汁，吃一口，爽气直冲脑门，再吃一口，辣得眼泪汪汪却回味无穷。老马对济南大街小巷的凉皮是不屑一顾的。他说："绿豆大米做的玩意儿也就是涮涮嘴，清汤寡水的没味道。要吃就吃我们临夏的酿皮子，辣子都是从家乡来的，吃一口够味，吃两口让你一辈子都放不下。"

老马做的酿皮是原汁原味的手艺活，他很享受制作的过程。每天下午，老马两口子收摊回家就在小院子里开始揉面，洗面做皮子。老马揉面不用盆，而是在门扇大小的面板上，赤着胳膊，双手一蜷一伸，有节奏地揉搓，一直到面团柔滑如玉，面板光滑如镜，才开始洗面。洗面的活儿是马嫂上手，用一块雪白的纱布包住面团，在清水中一遍一遍地浆洗着这团面，过一会儿就沉淀了一层的浆水，这浆水是做酿皮的原料。老马说，做酿皮就像是给心爱的女子做衣服，急不得，恼不得。制作过程如下：干净的锅要用胡麻刷洗得像镜子似的，用一只小圆勺子舀出浆盆内的浮水，再加清水，适量放入碱面，用力搅匀，再舀入已擦拭干净的锅内，其薄如纸，旋转着置入旺火烧沸的大锅上，蒸个十几分钟，迅速取出放入旁边盛着新鲜泉水的缸里阴凉，用细毛刷子在上面抹层清油，翘着小手指小心取出，依次垒摞好。这时候的老马简直就是个绣娘，他手里一张一张的酿皮子，就是姑娘们绣的凤穿牡丹，花开并蒂。门外喝茶的邻居有时候会喊上一声："老马，来两句爽气的。"这时，他就会笑着把嘴边的烟斗往桌角一扔，指尖上转动着一张晶莹剔透的酿皮子，豪迈的花儿冲口而出，大门口护城河里水底的游鱼都会被惊得扑棱着直打水。

　　红嘴鸦落的了一（呀）河滩，

　　咕噜雁落在了草滩；

拔草的尕妹妹坐（耶）塄坎，

活像似才开的牡丹。

老马的声音有一点喑哑，但是却恰到好处地把这首本是情歌的花儿唱出了一种别样的情思。那一刻，我们都相信，在某个深夜里，他是回到过家乡的，回到过那个满山都盛开着花儿的故乡，回到过那个大块吃肉大碗喝酒，端坐在黄土岗子上的故乡，在黄土岗上，一群群牛羊在眼前奔跑，一朵朵白云在山间环绕，亲人啊，就在蝴蝶楼前的古道边倾听着来自遥远他乡的歌谣，或者是端坐在太极湖畔小舟中等待游子的归期。

那年秋天，大明湖的菊花还未开，老马突然给我们送来了满满一小竹筐子油炸馃馃，红色如胭脂，绿色如翠玉，黄色如金箔，像在质朴的竹筐子里开出了一朵朵鲜艳的花儿。母亲问："这是要过节吆？"老马昂起头大声跟我们说："不呢，今年回家过节去，就来提前跟大家告个别呀。"跟在他身后的马嫂也说："回家过节，过开斋节，也是个团圆。"

"这时候走，你舍得不赚钱呀？"我笑着问。老马响亮地吸溜一口我端过来的大碗茶，笑着说："钱够花就行，家可在那里等着呢，想坐在老家的大院子里吃一碗自家做的酿皮子啦。"

看着老马和马嫂背着大包行李昂首阔步的身影，我站在大门口一直不曾转身。是啊，人，不管到了何处，那个叫做故乡的影子就会一直随身隐藏，只要有一丝丝灯光，他就会真实地唤醒你心底沉睡的梦。

回家，远道的游子呵，那一座老宅在等你，等你回来睡在儿时黄土炕上做一个最静谧的梦。

第二章

人间有味是清欢——10道清爽暖心小吃

细雨斜风作晓寒，淡烟疏柳媚晴滩。
入淮清洛渐漫漫。雪沫乳花浮午盏，
蓼茸蒿笋试春盘。人间有味是清欢。

——苏轼

锦州什锦小菜

吃惯了山珍海味，偶尔吃一次这脆爽的小黄瓜，嫩生生的豇豆、苤蓝、小辣椒，怎么能不让人胃口大开呢？但是对于老百姓来说，这只是一味咸菜。

据说，当年康熙皇帝东巡祭祖途经锦州挥笔写下一副对联：名震塞外九百里，味压江南十三楼。横批：什锦小菜。到底是什么样的美食，能让皇帝龙颜大悦，还能留下御笔墨宝呢？其实，就是一道咸菜。老百姓配清粥来吃的咸菜，却让吃惯了山珍海味的康熙皇帝龙颜大悦，想来味道也是不一般的吧。

说到咸菜，是家家饭桌上不可缺少的，吃粥的时候要来一碟，过节吃腻了鱼肉，还得来一碟，所以家家户户都是要做的。我们老家秋天就要晒萝卜干，圆圆肥肥的大白萝卜被切成薄片，中间再来一刀，码在半人高的咸菜坛子里，将大把大把的粗盐粒加进去，几日后就腌透了。将晒后干爽得像牛皮糖似的萝卜切成条，加上酱油、香醋、五香粉，揉匀了封进肚大口小的坛子里，小家小户的人家这一冬天吃粥的配菜就有了。

咸菜是上不得台面的，只能是吃完米饭之后喝粥的时候才端上一小碟子，谁家要是待客上席用小咸菜是要被乡邻笑话的。但锦州的什锦小菜不仅上得了席面，还成了进宫的贡品，被称为贡菜。锦州的什锦小菜与其他地方的腌菜最大的区别就是色香味极其讲究，色要鲜亮如初，味要自然醇厚，蔬菜的种类要有严格的规定，最关键的还得有一勺上好的虾油来入味儿，这样才算得上是一道正宗的锦州小菜。

小手指粗细顶花带刺的黄瓜，拳头大小的嫩茄子，去皮去根的苤蓝，嫩生生的芹菜梗，乳白色的地螺，口感清爽的甜杏仁，再加上锦州特产油椒、豇豆、小芸豆，一层青菜淋一层盐水将其码在缸里。制作过程感觉有点类似于四川的泡菜，其实这只是第一步的粗胚。即便是看似简单的腌青菜也是有讲究的，各类青菜不能混在一个腌菜缸里，那样会串味，出来的味道不纯正。别处的腌菜是用盐粒儿，而这锦州小菜则需要盐水，不同的青菜，盐水的比例大不相同，腌制的时间也不尽相同，如同小黄瓜要腌制一个星期，而豇豆、苤蓝、芹菜和嫩茄子则要十天左右，盐水中浸渍的青菜基本都保持着本色，这个时候，腌制锦州小菜的法宝——虾油登场了。外乡人可能对这种独特的调味料颇为陌生，但是虾酱大家都吃过。记得在儿时，每到冬日，家家都会用大锅熬白菜，加上一勺虾酱，满屋都是那种奇特的香味儿，喜欢的人就说香得出奇，不喜欢的人会说这鱼有腐烂的味儿，而我恰恰就是那个不喜欢的，所以宁愿吃萝卜干白米饭。

虾油的出现还有一个小故事。当年锦州一姓李的渔户，每天回来把卖剩下的鱼虾倒在一个缸里撒上一把盐粒，日久就成了虾酱，吃饭的时候就舀上一勺，味道鲜美异常。一日，这位渔户突然发现在虾酱上有了一层清亮的浮油，便把切碎的芹菜放进去，腌了几日，竟然味道好得很，不久他又在虾油中放进小黄瓜、豇豆、油椒，做成了四样小菜，取名"虾油小菜"。此时，这虾油小菜还仅仅是大众化的一种下饭的小菜，若没有康熙皇帝的东巡，没有锦州府尹费尽心思为博得龙颜大悦而冒险呈上去，或许也就没有今日这道名扬天下的锦州什锦小菜了。吃惯了山珍海味，偶尔吃一次这脆爽的小黄瓜，嫩生生的豇豆、苤蓝、小辣椒，怎能不让人胃口大开呢？但是对于老百姓来说，这只是一味咸菜，一味加了些许腥荤味儿的咸菜。

有一次去超市，我突然看到这道锦州小菜，想尝个新鲜，便买来小小一篓，回家之后，拆开配着稀饭吃，够脆爽，很鲜嫩，清白红绿的颜色搭配得尤为好看，但是却仍然难以接受那浓郁的虾酱味儿，倒是年过花甲的老爹吃得很欢喜，还说若是能配上几个大锅贴会更好。

青城泡菜

青城好，泡菜冠全川。
清脆姜芥夸一绝，
芳甘乳酒比双贤。
吾独取椒盘。

——赵朴初

暑假，我本想着寻个好去处避暑，对着一张全国地图却找不到一处清净地。上铺水灵灵的四川妹子青姑娘说："你来青城山随我一起修仙吧。"我不由得想笑，想起大学这两年她常说的一句话——"青城山下白素贞，已经在雷峰塔倒的时候飞身成仙，青儿何苦贪恋这俗世繁华。"紧接着青姑娘会把黝黑的眉毛一蹙，柔情万种娇声道："不贪红尘三千年，不念人间富贵家，只念，我们大四川青城泡菜酸辣粉。"

酸辣粉我吃过多次，四川的剁椒确实是够味儿，酸爽一口，麻辣一路。但是四川的青城泡菜我却一直没有机会品尝，因为青姑娘说，只有青城山的才是正宗，而且还得是道观里道士们自己腌制的才是味中珍品，那味道，清脆、爽口、解腻，真是人间少有，地上难寻。所以这个夏天，接了在四川老家的青姑娘一个电话，我就背着大包小包投奔她而去。

青城山在这个时节着实凉爽，虽然七月初正是四川这个火炉子烧得旺的时候，但是掩藏在满山苍翠中的青城山却清清爽爽。早上起来，我跟着青姑娘上山，一路上只听得鸟鸣啾啾，阵阵花香袭来，路边清流绕山间，那些暑热早就被驱赶得不知所踪。

清晨吃的就是四川的酸辣粉，青姑娘特意嘱咐街角干净利落的老板娘要微辣就可，但是端上来满碗都是红艳艳直冲脑门子的香辣味儿。辣椒油配着炸成金黄色的花生碎，青翠鲜嫩的油菜叶，透明的粉条浸泡在一钵油汪汪香喷喷的汤汁里，看着就让人胃口大开。

这一碗吃下去，才知道我们以前在学校附近吃的所谓正宗酸辣粉根本算不得酸辣粉，充其量也只能算是肉汁煮粉条。吃完一碗酸辣粉，额头上、鼻尖上汗津津的，青姑娘还顺手从案子上的泡椒碗里捏了一只胖乎乎的淡黄色泡椒放在口中大嚼，直喊够味儿。老板娘笑着说："去山上的上清宫要，这几天五腊日，妹儿都去观礼呢。"

青姑娘眼珠子一亮，在我肩膀上拍了一记说："有口福，咱明儿个就去观礼，让你尝尝什么叫真正的青城泡菜。"

在四川，青城山是道家圣地，而青城山的泡菜也是菜中一绝。

夏日的青城山环水绕，我们的心却不在此，因为这一路上，青姑娘说的最多的就是青城泡菜，小黄瓜如何脆嫩，圆白菜如何爽口，水红辣椒如何让人欲罢不能，说得我们几个口舌生津，脚下生风，生怕赶不到上清宫的素斋配泡菜。

上清宫地处青城山顶峰，是登青城山必游之地，当我们来到门外的时候，已是人山人海，但是并不觉得喧闹，而是有一份闹中取静的清幽之意。香客们慢声细语，上香祈福，随后就是有序地在上清宫内游览观礼。

我目不暇接地看着这里的景色，青姑娘却拉着我往香客用斋的的厅堂跑去，只见几口硕大的锅热气腾腾，各色米豆的香味儿扑鼻而来，我从道长手中接过粥碗，躬身退后，然后寻了桌凳坐下，青儿神秘地对我一笑，然后去一旁的台案上端过一碟色泽鲜亮的小菜。

小黄瓜用斜刀切成滚刀块，豇豆被掐成寸把长的段，水红色的辣椒鲜艳得如同一朵小灯笼花，乳白色的嫩姜芽、萝卜条，抖在一起如同一幅清爽的水墨画，让你不忍下箸。

小黄瓜咬在口中真嫩啊，配上用文火熬了数个小时的粥，脆嫩软糯尽在舌尖，让你忍不住一口接一口，一碗粥喝完还意犹未尽。空口吃这样的泡菜也不会觉得咸，细细品味完全不是超市里或小吃街上的泡菜，除了辣就是咸的味儿。

"是不是有种水果味？"青姑娘笑着问我。我忙不迭地点头，疑惑地看着她。

"是呢，这是我们青城老泡菜的独特之处，因为我们这边腌泡菜用的蔬菜就是山上道长自己耕种采摘的，水是山中的泉水，花椒也是山上的野山椒，山野的精华都在这一碟子泡菜中了呢。"青姑娘得意地说完，又夹起一块泡椒扔进口中，一边嘶嘶地吸气，还嚷道："人间美味哪里寻，且到青城道士家。"

我们吃完两碟青城老泡菜，还不忘讨要了两块上清宫的福糕，离开的时候，突然听到路边的一位香客念着："青城好，泡菜冠全川。清脆姜芥夸一绝，芳甘乳酒比双贤。吾独取椒盘。"

其实，这说的何止是一道泡菜，山野静心，山水怡性，这一道老泡菜泡出的是生活的真味呀。

德庆菜酢

　　而今，菜酢已经成了一道带着岁月味儿的小吃，仅仅是偶尔点缀一下生活罢了。

　　酢，音取"作"音。第一次见到这个字，怎么也想像不出这到底是一种什么吃食。看字形，取一个"酉"字旁，总会不由自主地去想到酒，感觉这种吃食也应该是带出了一种酒的醺醺然。

　　我第一次吃到酢，是去德庆写生的时候，居住的客栈里，老板娘坐在一院子的大菜坛子中间，手拿一双半尺长的木筷子，轻巧地翻动着坛子里的腌菜，满院子里氤氲着一股青菜发酵后的酸味儿。同行的朋友笑呵呵地说："接下来的日子有美味吃喽，也只有在德庆的乡下，才能吃到正宗的菜酢。"但是我却抱着一种敬而远之的态度，因为在我们山东的老家，只有秋天激酸菜或者是用红薯叶、白菜帮泅猪食的时候才会有这样类似的味儿。

　　在德庆人的眼里，一切地里生长的植物都是可以用来腌制成酢的，黄瓜、豇豆、嫩竹笋可以，芥菜、白菜、大头菜可以，萝卜、芋艿可以，甚至红薯苗子、花生叶都能经过几道特殊的工序制作成菜酢。在客栈老板的院子里就有一间房专门盛放菜酢，掀开门帘进去就会有一种独特的味道扑面而来，浓郁刺鼻，有点酸，有点咸，还有点植物发酵后腐烂的味，这就是菜酢独特的酸香。在我们北方，腌菜如果酸了那就预示着这一坛子菜没有上桌的机会了，而在这里，却必须得发酵，有了浓重的酸味儿才算是一缸子好菜酢，吃起来才够味儿。据说，外地人刚到德庆的时候闻不惯这个味儿，但是吃上几顿之后就会发现已经离不开了，所以在德庆就有了无酢不成席的说法。

老板娘是个很爱说话的女子，她说："在德庆的乡下，家家都要做菜酢，即便是同样的菜，每家做出来的味道也有差异。"德庆的菜酢还分成湿酢和干酢，湿酢水汽重酸味足，如酸笋子、酸黄瓜，吃起来就跟山东的小黄瓜泡菜类似，只是酸味更重一些，而且发酵的时间也长，要完全发酵才成。而干酢则要反复腌制晾干，如芥菜头、芋艿干就是在不停重复类似的步骤，直到青菜疙瘩没了昔日的水灵，成了带着盐粒的咸菜干。湿酢是可以直接取来吃的，而干酢是要炒来吃，再配上肉丝、肉片做成荤菜，就成为村里待客席上的一道美味佳肴。或者是素炒，放较多的油，加上点辣椒丝，浓油赤酱，大火爆炒，酸香爽口。

晚间，客栈老板做了一道萝卜酢炒肉丝，一碗凉拌黄瓜酢，一荤一素，完全是不同的味道，配上白米饭，也算是爽口得很。只是那种又酸又咸的味儿，我这北方人还是难以接受，所以只是稍微尝了一口，倒是同桌的老师吃得不亦乐乎，说能跟东北的腌酸菜相媲美了。接下来的日子，每天桌子上都会有一碗不同的菜酢，各色蔬菜用另外一种形式次第登场，总的来说就是一个——酸。

近几年菜酢的影子在德庆城区开始逐渐淡漠，年轻人的胃口被新鲜的菜蔬瓜果养得刁蛮了许多，对这样经过岁月沉淀的腌菜已经没了兴趣。只有在农村，还能勾起一丝回忆，充斥着故乡的淳朴与厚重。菜酢已经成了一道带着岁月味儿的小吃，偶尔点缀一下生活罢了。

上杭萝卜干

　　天上黄毛仙，下凡到人间；只因一餐饭，萝卜一年鲜；有剩做成干，清脆又香甜。

　　随着年龄渐长，我的口味儿也越来越刁了，年轻时候喜欢的丰腴肥硕渐渐地被简简单单的一碗白粥和一碟小菜替代，不再去追求精致的新奇，也不再去追求浓油赤酱的味道，而是能在这一碗子白粥里吃出香甜，在一碟小菜里品出淳朴。心，也逐渐地淡定安稳起来。

　　闽西八大干，要说脆嫩鲜香首推上杭萝卜干，要说风味独特首推宁化老鼠干，但是老鼠干我是绝对不敢吃的，萝卜干却可以常常买来吃，既能当下酒的小菜，也能当小孩子闲暇时候的零嘴，脆脆爽爽，有点辣，有点咸，有点甜。哄家里的小孩儿喝水，来一块萝卜干，一大杯子水咕咚咕咚就下去了。

　　其实，在我们本地也是要做萝卜干的，秋日的阳光里，将大白萝卜切成片，加入细白精盐揉碎，挂在院子里早就扯好的绳子上，晒得半干就切成条，加上花椒面、辣椒油、五香粉用力地揉，然后装进肚大口小的瓷坛子里，半个月后就能吃了。用长长的木筷子捡出一块，咬一口嚼半天，牛皮糖似的，特筋道，满嘴都是香喷喷的萝卜味儿。上杭的萝卜干也是要晒的，但还要在开水中煮上几次，使之口感脆嫩，装萝卜干的瓮也是只当地才有的，在装得瓷实的萝卜干上面封上一层厚厚的炒盐，用黄泥封了口，放置半年之后将泥封去除，上杭萝卜干就做成了。

　　街口的酱菜店是一对年轻小夫妻经营的，女人长得秀丽，爱笑爱说话，男人却不爱说话，每次见到他不是在搬运坛子，就是在清洗那些做腌菜的厨具，一刻也不闲着。

　　十几平方米的屋子里都是一个一个咸菜坛子，有保定的酱银条春不老，也有京味儿的麻仁金丝八宝菜，不过卖得最好的还是这上杭萝卜干。小两口是福建人，所以我每次去，女人都会强调，他们家上杭萝卜干是家乡的萝卜，是家乡的味儿，都是自家做的，正宗着呢。据说，还有个关于上杭萝卜干流传了数百年的故事，一日，天上黄毛仙云游到了上杭湖子里（今上杭县太拔乡双康村），到凡间后顿感肚饥难熬，便向村民要饭食。村民端来白米饭，但没有菜。黄毛仙了解到村民田地只剩一些做种的萝卜时，便向村民传授了"四季都能种萝卜"的妙法和制作萝卜干的方法。把萝卜干卤以白盐，而后晒干，再反复搓揉，装入瓮内，泥纸密封，时过九九，即可开瓮取食。说来也奇怪，这黄毛仙走后，湖子里村一年到头都能播种萝卜，村民每天都可以吃到新鲜萝卜，吃不完的就拿去做萝卜干。有民谣为证：天上黄毛仙，下凡到人间；只因一餐饭，萝卜一年鲜；有剩做成干，清脆又香甜。从此，上杭萝卜干就与这有趣的故事一起名满天下了。

　　这萝卜干可炖可炒，可荤可素，等到青黄不接的时节来了客，揭开咸菜坛子一看，还有萝卜干，心里就安定了不少。切上肉丝炒一碟，荤菜有了。再切上鲜红翠绿的辣椒、葱丝炒一碟，素菜有了。巧手的主妇把萝卜干在清水里浸一浸，去掉咸味儿，切成块儿，撒上一把白糖，滴几滴香醋，又解酒又爽口的一碟子凉菜也就有了。你看，这萝卜干就是家里的定心丸，所以在上杭，家家户户都会腌萝卜干，而家家户户也都会用这一道萝卜干做出许多道美味佳肴，日子也就在悄然前行的岁月里有了各种滋味。

　　每一道美食都有一个故事，有了故事的美食就有了根。每次去买萝卜干我就会想，神仙做久了怕也是寂寞的，琼浆玉液倒是不如人间萝卜干配白米饭来得更有滋有味儿。

洪山菜薹

不需考究食单方，冬月人家食品良，米酒汤圆宵夜好，鳊鱼肥美菜薹香。

——《汉口竹枝词》

秋末冬初，菜薹上市，我将其买了回来，撕去紫色的外皮，掐成寸把长的段儿，旺火大油，加入肥瘦相间的腊肉一阵翻炒，扔进鲜红的辣椒，就是一盘极其下饭的菜。菜薹是一种季节性极强的菜，也就吃个把月的新鲜，然后就罕见踪迹了，如同生活中来来去去的人，总会渐行渐远，但是在某一日想起来，心头依然是一阵温热。

刚毕业那年，我在一个小公司做文员，离家千里，日子过得寡淡而寂寞。同屋的武汉女孩南安在另一家化妆品店里做店员，常常会带回来各种各样的试用装，会用自己的小锅子煮一锅加了火腿鸡蛋和整根的油菜叶子的泡面，然后笑嘻嘻地叫我一起吃。

初冬，我一下班她就蹦跳着从小屋子里出来叫我，说尝尝她家乡的美味。

一把水灵灵的蔬菜躺在桌子上，娇黄的花儿，顺条条的梗，还带着暗绿色的叶子，"呀，洪山菜薹！"我不由得惊呼起来。早就知道洪山菜薹有名，据说李翰章在武汉做湖广总督的时候，就非常喜欢吃武昌洪山周围种植的紫菜薹。他曾经命人将洪山菜薹移植到老家合肥，发现种植出的菜薹不但瘦弱，而且口味也大变，以为是水土不成，就大张旗鼓地挖了一大堆洪山土，用船载回了合肥继续他的移植试验，结果不但试验失败，还在武汉留下了"制军刮湖北地皮去也"的恶名。而洪山菜薹也就成了与武昌鱼、热干面齐名的武汉名吃，其中尤以洪山菜薹最为有名。清代方志里说，洪山菜薹只能产于"洪山宝通寺至卓刀泉九岭十八凹"之中，还有个说法叫"塔影钟声映紫菘"，紫菘指的就是洪山菜薹，这句话的意思是，洪山宝塔的塔影和洪山宝通寺的钟声覆盖范围内的菜薹才是最正宗的洪山菜薹。当然，随着科技的发展，洪山菜薹的种植范围已经扩大了许多，但是只有在武昌石碑岭一带才是正宗的洪山菜薹的产地，由此看来，这菜薹倒是颇有些不离故土的风骨呢。

我与南安细细地洗干净菜薹，不用刀，只是掰成一段一段，剥去外面的紫红色的皮儿，那青翠的杆儿就诱人得很，拿起一段生吃竟然也有几分清甜的味儿。菜薹荤素皆可，炒肉鲜香浓郁。清炒爽口清香，旺火翻炒，拍上几瓣儿蒜，撒上红色的辣椒丝，点上几滴老陈醋就出锅喽。南安说："在家的时候，每年冬天都能吃到妈妈做的菜薹炒腊肉，在这里只能用鲜肉代替，少了一份柴火的香味呢。"

后来，南安换工作了，搬离了我们住了一个冬天的出租屋。或许日子就是这样，一日一日走过便再也无从回头，但是那碗菜薹的香味却一直留在记忆的深处，从来不曾有过一丝一毫的淡漠。

有一年，我跟随先生去武昌出差，在饭店吃饭时点了一道炒菜薹，端上来之后，镶着蓝花的白瓷盘子里，那翠绿杆儿配着肥厚的腊肉，香气扑鼻，我却久久不忍下箸，只是贪婪地嗅着那久违的味道，然后夹起几根慢慢地咀嚼着，让回忆缓缓地浸润心头。我来到了你的家乡，而南安，又在何处，是不是与我一样，依旧在这个尘世里奔波呢。

贵州折耳根

如同东北人喜欢吃酸白菜，湖南人喜欢吃辣椒，广东人喜欢吃甜品，山东人喜欢吃煎饼卷大葱，折耳根对于贵州人来说，就是一种独特的家乡味儿，走到哪里都忘不掉、舍不得。

折耳根又叫鱼腥草，有一股浓郁的鱼腥味儿，一般人避之不及，但是贵州人却食之美味，我曾经尝试过，却一直不敢接受这种有着特殊荤香的植物。

记得那年在济南上学，宿舍里有个贵州的姑娘，说话大气得很。在她的描述里，贵州就如天堂一般，物产丰富，人文厚重，就是小吃也比济南的大气得多。她常常说济南的吃食没味儿，辣椒不辣，稻米不香，然后撅着嫩红的小嘴巴叹一口气说，就是一道凉拌折耳根也比什么大明湖的白莲藕香得不是一点半点。由于姑娘离家远不常回家，每个月底就会准时大包小包地收到家里的包裹，各种小吃能堆满一柜子。爹妈疼闺女，大到棉衣棉被，小到点心零嘴儿，都一点不落地按照季节规律寄过来，其中折耳根就是最奇特的一种吃食。

下自习回来，姑娘哼着小曲儿拆包裹，一个真空包装的小袋子引起了她一阵一阵惊喜的叫声。她抽出一根儿叼在嘴里，一边咬着一边嘀咕："就是这个味儿，就是这个味儿，好几个月没尝过这个味儿了，真香啊。"一旁的舍友却大声道："谁，谁在宿舍里剖鱼了，咋那么大鱼腥儿味？"贵州姑娘愣了愣，突然噗嗤一笑，掰了一小节塞进舍友的嘴巴里。舍友漱口刷牙地折腾了一晚上，说这玩意儿的味道简直就是生吞活鱼。从那时候大家才知道，折耳根是贵州的一种极其特殊的野菜，虽然是植物，却有一般人难以接受的强烈的鱼腥味儿。

在我的印象里，折耳根作为蔬菜仿佛只可以凉拌。冬春之交，是吃折耳根的时节，白嫩嫩的根淘洗干净，清水浸泡除去那种古怪的鱼腥味儿，切成小小的段儿，放入盐、酱油、白糖、醋、鸡精、炸好的辣椒油与花椒粒，拌匀后就是一道酸辣爽口的下酒小菜。据说，在贵州有的人家冰箱里常年备着新鲜的折耳根，隔不了几日就会拿出来做上一盘味道独特的菜。在贵州人的生活里，折耳根就是一道不可缺少的美食，有着居于酸甜苦辣咸之外让你难舍难忘的味道。

前几年跟着朋友去贵州采风，吃过凉拌折耳根，仿佛还有一道是折耳根炖鸡，据说是药膳，只是淡淡的鱼腥味儿混在鸡汤中，总觉得有些怪异，所以不甚喜欢。

如同东北人喜欢吃酸白菜，湖南人喜欢吃辣椒，广东人喜欢吃甜品，山东人喜欢吃煎饼卷大葱，折耳根对于贵州人来说，就是一种独特的家乡味儿，走到哪里都忘不掉、舍不得。

南雄酸笋

没有哪样菜比酸笋那样受欢迎，南方人喜欢，北方人也喜欢，
南北差异在这一刻达成共识，握手言欢。

《红楼梦》第八回，薛姨妈在家款待宝玉，酒后，特地做了酸笋鸡皮汤
给他解酒，由于能够开胃，宝玉痛喝了两碗。看来这酸笋也是有历史的食物
了，在清朝时候大概也还属于大户人家餐桌上的罕物。不过，现在酸笋在南
方已经较为常见，很多南方的小吃中都会寻到酸笋的味儿，如南宁的老友
面、柳州的螺蛳粉、桂林米粉、侗族风味酸辣汤等，少了这一味酸笋，味道
会大打折扣呢。

对速食面我不是很喜欢吃，但是螺蛳粉和桂林米粉却是一定要吃的，离
居住的小区不远就是小吃街，小吃街上有家桂林米粉店，米粉精致，配菜更
是丰富得让你忍不住要埋怨老板太会勾起人的胃口，脆脆的酸笋，清醇的高
汤，油炸过的花生米，青绿的菜心，秘制的肉酱，爽滑的米粉，看一眼都
觉得格外赏心悦目。每次去，我都会对那个笑嘻嘻的留着帅气小胡子的老板
说："米粉，酸笋要多多的哦。"仿佛我们来吃的不是米粉，而是为了吃那
脆爽的酸笋才搭配上米粉一般。

不过要说酸笋做得好的地方，还得在南雄。酸笋、酸菜、酸肉是南雄也
是阿昌族饮食文化的一大特色，南雄的酸笋和阿昌族的酸笋做法是大同小异
的。在南雄，若你去走一走，就会发现家家都有酸笋缸，酸笋可做配菜，也
可单独成菜肴，就是腌渍酸笋的汁水也是大有妙处，若是家里吃剩下的菜，

滴入几滴酸笋汁，在酷暑夏日也能隔夜不馊。

南雄的酸笋做得好，是因为笋的生长环境好，有得天独厚的地理条件，山清水秀，竹林遍野。春天，笋子露头，人们便开始背着竹篓进山，刚出土的笋不要，太老的也不要，不长不短三十厘米的笋子做出来的味道才是恰到好处。

新挖出来的笋子带着一股泥土清香，在山下小溪里洗濯干净，"啪啪啪"几下切成片，扔进早就洗净的大罐，取不见天的井水一起装，密封十几日，酸笋就成了。其实，酸笋可以算是最容易做的一种酸菜，日子愈久，酸笋的汁水就越醇香，据说南雄的村民都是随吃随加入新的笋子，但是一定注意的是，腌制笋的罐子一定要用开水洗干净并反扣在太阳光下暴晒数日才好。取笋子用的筷子也不能沾上任何油水，否则酸笋就会变质，腐败的酸笋是不能吃的。

在外地求学的孩子离家久了，嘴里寡淡，胃里也缺油少盐，一回家就会大声吆喝着要吃的，忙碌的母亲就会从酸菜缸捞起几片笋，再去门外肉铺里割一块五花肉。刀剁案板响，锅中泛起油，五花肉在有葱姜蒜的锅中爆炒，散发出浓郁的香味儿，切好的酸笋片也在锅里染上了浓油赤酱。不一会儿，一碟子酸笋炒肉片，一碗米饭就把这辘辘饥肠滋养得温暖而踏实。身旁那一直含笑坐着的母亲，却泪眼盈盈。

南方人吃甜，北方人嗜咸，但是酸却是南北通吃的，东北人要吃酸菜，一锅酸菜猪肉炖粉条把整个冬天都炖得热腾腾红火火。南方人也要吃酸，比如这道南雄酸笋，米粉里加了酸笋会特别酸爽可口，即便最平常的一碗汤里加了酸笋也会格外清香。

据说，有一道南雄酸笋焖鸭子，必得配南雄的酸笋，还得配了朝天椒才成，越辣越够味儿。

老北京炒酱瓜

黑菜包瓜名不衰，

七珍八宝样多余。

都人争说前门外，

四百年来六必居。

——《竹枝词》

　　大年三十，一大家子人团团坐定，小孩儿乌溜溜的眼珠在满桌菜肴上打转，酱焖肘子八宝鸭难以留住小家伙的目光，直到厨房里一声，"炒酱瓜来喽——"小家伙儿才喜笑颜开地拿起筷子准备大快朵颐。炒酱瓜是北京人年夜团圆饭桌上必备菜肴之一，与豆儿酱、芥末墩、炸三角齐名。

　　去北京我不去全聚德，就乐意窝在好友租来的三十平方米的小房子里，来一碗热乎乎的香米饭，外加一碟子炒酱瓜，一边吃，一边还和朋友打趣，"看，我多好养活，一碟子咸菜就打发了。"朋友不屑地瞅了我一眼，说："切，这可是当年慈禧太后宫廷里的菜式，少了这道菜，老佛爷的八宝莲子羹喝着都没味儿了呢。"朋友是老北京人，与我认识十几年了，所以我们每次相聚时，炒酱瓜是她的拿手菜，虽然是一道小咸菜，但是绝对比得上八宝鸭子和红烧鱼。

　　那时候，家家都有酱菜坛子，仿佛只要是地里生的田里长的，都能在这酱菜坛子里寻到属于自己的味道，春天掐下来的嫩黄瓜，夏天的芹菜梗，秋天的大白萝卜，冬天的白菜帮子，只要在这酱菜坛子过一遭，那就是另一番滋味了。天下酱菜分南北两派，南派酱菜以扬州酱菜为首，味道偏甜，北派酱菜以北京为冠，味道偏咸。扬州有三合四美，老北京有六必居的酱瓜，这都是南北酱菜中的经典。老北京酱瓜用的原材料是一种叫做八道黑的菜瓜，肥肥短短的瓜身上带着一条条黑色的花纹，这种瓜不如黄瓜一般爽脆可口，也不如冬瓜一般肥硕丰腴，但是用来做酱瓜确实极为合适。据说后人还作了《竹枝词》专门提到老北京的酱瓜——"黑菜包瓜名不衰，七珍八宝样多余。都人争说前门外，四百年来六必居。"

外面冰天雪地，屋里热热闹闹，吃就成了一件需要费些心思的事儿，今儿个炸酱面配小水萝卜丝，明儿个就是白米饭配着炒酱瓜丁。这道酱瓜丁，是咸菜里的阳春白雪，上得大席配得美酒。将腌得油光碧绿的酱瓜，在清水里多过滤几遍，稍稍泡出咸味儿，剖开肥厚的瓜肚儿，小刀子左一剜右一旋，就把细细密密的米子给去得干干净净。"啪啪啪"几下切成手指粗细的瓜条，左手捋，右手切，手起刀落，然后整整齐齐码在盘子里。肥瘦相间的五花肉也切成大小相等的丁儿，开火热锅，这道菜是不用放油的，将五花肉爆炒，加入香葱末和姜末，滴上几滴黄酒，一会儿就会炒出油，加入洗净的酱瓜丁，大火翻炒，去掉红衣的花生米迅速入锅，最后再来一勺白糖。这个酱瓜丁是不需放盐的，因为酱瓜本身的咸味就会融入肉里，而白糖恰巧可以提鲜，快速翻炒，临出锅滴上几滴小磨香油拌匀，关火后一碟子香喷喷、油亮亮的炒酱瓜就上桌了。这道菜讲究的就是一个火候，酱瓜要脆爽，花生米也讲究一个脆，所以火候是关键，火欠了肉会腻，火大了酱瓜会软，炒软了的酱瓜也就没什么吃头了。

当年上中学的时候，我们是要从家里带饭的，家里没什么菜了，母亲就会从咸菜坛子里捞出一个咸菜疙瘩，切成细细的丝，在锅里放入多多的油，加上少许的葱花，几段红红的辣椒，一阵爆炒后装进一个大玻璃瓶子里，这就是我一周的菜，不管是吃煎饼还是馒头，都能吃个肚儿圆。现在想来，那瓶子咸菜是母亲在窘困生活里的智慧啊。

其实，不管是老北京的炒酱瓜，还是母亲做的炒咸菜，如今，都成了一种回忆，每次吃，都是在回味我们那回不去的岁月，我们只需慢慢地品尝，每一口都是生活的味儿。

平阴玫瑰酱

隙地生来千万枝，恰似红豆寄相思。玫瑰花开香如海，正是家家酒熟时。

——《竹枝词》

五月的清晨，采盛开的玫瑰，去蒂洗净，晾晒几日。而后，去杂质入瓮，一层土蜂蜜，一层玫瑰瓣，再一层土蜂蜜，再一层玫瑰瓣，装满压实后与瓮沿取齐，封口入阴凉处，隔三五日翻缸一次，三次之后，静置数月，开封后浓香馥郁，便是玫瑰酱。

萍来自山东济南的玫瑰之乡平阴，是我的大学同学，她家的玫瑰酱让我至今念念不忘。那时候，来自天南海北的同学带来各地特色小吃，萍带来的玫瑰酱最受欢迎，能吃花，在当时算得上是奢侈。

萍的家就是种玫瑰的，大家都说，她的身上散发着淡淡的玫瑰香。五月花开的时候，萍的母亲会选择鲜艳饱满的玫瑰花儿，将其洗净、晾干、揉好，在黑色的瓷坛子里，用自家酿的蜂蜜腌起来，然后就是漫长的等待。

那时候我们都期待着暑假之后的新学期开学，因为萍会带满满一大玻璃瓶的玫瑰酱给我们这几个"饕餮"大快朵颐，枯燥的大学生活因为玫瑰酱变得格外甜美。

腌制玫瑰酱得两三个月，一开封口，那种带着玫瑰特有的馥郁浓香的甜味儿，把人的魂儿都要勾住了。萍跟我们说，在家里她每天晚上睡前得喝上一杯玫瑰水，不光好喝，关键还美容。从家中归来的萍回到宿舍的第一件事就是拿出玫瑰酱罐子，盖一打开，浓香扑鼻，曾经鲜艳的玫瑰花经过发酵后已经变成略深的褐色，细看依然能看到其中的花瓣，黏稠且带着蜂蜜结晶后的剔透晶莹，是那么诱人。

我们从餐厅买回暄腾腾的大馒头，掰开两半，拿勺子抹上厚实的一层玫瑰酱。抹面包也可以，但是对于我们这种吃惯了馒头烙饼的肠胃来说，偶尔还成，多了就略显甜腻了。当年宿舍有一姐，堪称神厨，用小馄饨皮儿包出了粉嫩嫩的玫瑰饺，在小煤油炉上给我们开了一次洋荤。那次我们享受着难得的美味儿，转眼间大学时光结束了，岁月真无情，幸好还有回忆陪我们慢慢走。

"五一"小长假，我们在萍的带领下来到了她的家乡，也是玫瑰之乡——平阴。面对满山遍野的玫瑰，我们惊呆了，坡脚地头，水畔崖边，都可寻觅到玫瑰的身影，朴实热烈。玫瑰花喧闹地开放在枝头，如村里爱笑爱闹的姑娘们，远离时尚，淳朴而自然。

我们饮罢玫瑰酒吃了玫瑰酱，在脸上抹了香喷喷的玫瑰精油，还在玫瑰园里听了一段引经据典的故事。据说在清末，平阴城内"永福楼""崇华楼"和"增盛和"生产的玫瑰酱就已经开始在市场销售了，豪门贵族的女眷争相传颂着常食玫瑰酱可以容颜不老，艳若玫瑰。在《平阴县志》中也曾有这样一阕描写平阴玫瑰的《竹枝词》："隙地生来千万枝，恰似红豆寄相思。玫瑰花开香如海，正是家家酒熟时。"象征爱情的玫瑰在世人的眼中，是相思的锦书、爱情的箴言，也是人们桌上的珍馐美馔。

毕业多年后，我再没见过萍，当然也再没有吃过来自玫瑰之乡的玫瑰酱，只是偶尔还会想起那些弥漫着甜香的日子，想起那些开放在山坡上的大片大片的玫瑰花。

有一年，朋友送给我两瓶平阴玫瑰酱，精美的包装，浓郁的甜香，轻轻舀起一勺，放在杯子里，倒入滚开的水，那熟悉的香味沁入心脾，喝了一口，却感觉淡了许多，或许年少时候吃过的东西是最好的，或者说，少年光阴，就是好。

济南烤地瓜

儿时在那漫长的秋天和寒冷的冬天里，地瓜在老爷爷的炉子里
慢慢烘烤出来，那缕缕馨香值得用一辈子来回味。

冬天，一块热乎乎的烤地瓜，足以安慰早起却喜欢赖被窝的小孩子的满
腹委屈。香气四溢的地瓜在手里捧着，趁热剥开薄薄的皮，看着金黄的瓤，
闻着浓郁的香，能让你猛然打出一个舒舒服服的喷嚏。

不知道从何时开始，孩子们手中只有可乐、肯德基，不知从何时开始，
我们已迷失在这个钢筋水泥的都市中。只有在梦中，仿佛才能闻到那熟悉的
香味，寻觅那座温暖的老城了。

济南的小吃多种多样，油亮酥脆，轻咬一口，满口余香；大块把子肉，
酱香浓郁，米饭绝配；冰糖葫芦晶莹剔透，酸甜爽口。但最让人难忘或者说
最亲民的，应该算是烤地瓜了。

地瓜又叫番薯、红薯，但我习惯叫它地瓜，朴实的字眼，从唇齿间吐出
来，仿佛就可以嗅到土地特有的馨香，勾起每一个济南人最温暖的回忆。在
所有的小吃中，用老济南人的话来说，烤地瓜是上不得台面的，却是老少皆
宜的，街头摊贩走卒当餐饭吃得，学堂稚子做零嘴儿吃得，老人妇孺做点心
也吃得。所以在很多城市都会看到它的身影，但又以济南的最有特色。

秋天一到，送走夏季的最后一声蝉鸣，漫天悠悠飘黄叶，烤地瓜在沉寂
了一个春天和夏天之后，又出现在我们的视野里。济南的烤地瓜都是选取山
东特有的个大饱满的红皮黄瓤地瓜，用清冽的泉水洗净后，就开始在大油桶

做成的炉子里用红彤彤的木炭火慢慢煨着。过不了多久，地瓜的甜香就开始弥漫在老城的大街小巷里。

小学的时候，我们总是盼着凉爽的秋天快点到来，盼着树上的叶子变成金色，盼着校门口出现花白胡子的老爷爷和他的小推车，老爷爷笑呵呵地用长满老茧的大手抚摸着我们的小脑瓜，而我们则盼着那熟悉的甜香萦绕在鼻间。放学后孩子们一窝蜂地把老爷爷围住，叽叽喳喳地嚷着、挑着，这个要个大的，那个要最甜的。然后，每个人小心翼翼地用那种淡黄色的纸捧着，闭上眼睛闻一闻，那个香呦，轻轻掰开，张开小嘴咬一口，烫烫的，那个甜呦，真的就想起电影中唱的"我们的生活甜如蜜"了。蜜在小时候是个稀罕物，很少吃到，但那时候感觉掌心中捧着的烤地瓜就是这个世上最甜蜜的美味。漫长的秋天和寒冷的冬天就在老爷爷的炉子里慢慢烘烤出来，变成缕缕馨香。

岁月流逝，星移斗转，老房子不见了，那些带给我们童年欢乐的小巷也不见了，那陪伴着我们长大的烤地瓜也难觅其踪迹，只是偶然会看到那包装精美的烤番薯、番薯片、番薯仔，可是我知道，那里已经寻觅不到我梦中熟悉的味道，如同长大后的我们已经寻觅不到童真的笑容。

2008 年，济南大观园小吃街的重修，再现了小吃街昔日繁华，很多销声匿迹多年的小吃又开始萌生新绿，其中也有让我从不曾忘却的烤地瓜。虽然我从没去过，但是我相信，在那里，和我一样怀旧的济南人都会寻觅到熟悉的记忆，会在久违的烤地瓜甜如蜜、甘若饴的味儿中寻觅到过去的影子。

第三章
肴肉风情酿成酒——10道醇香丰腴肉肴

慢著火,少著水,火候足时他自美。
每日起来打一碗,饱得自家君莫管。

——苏东坡《食猪肉诗》

扬州狮子头

看来，不管什么菜，还是需要适合的时间、适合的地点，更重要的是，有一个适合的人陪着，才能相得益彰。

烟花三月下扬州。

去武汉，不能不去看黄鹤楼，就如同去了扬州，不能不吃"狮子头"。狮子头是淮扬菜中的大家闺秀，喜宴春节时绝对压轴的重头戏，但是我更喜欢它的另一个名字——"四喜丸子"，这四个字在口中轻轻一念叨，就带出一股子喜庆味儿。

那年去扬州，朋友品荷说："狮子头最正宗的在扬州，扬州狮子头最够味儿的地方就在咱这宴宾食府，今儿个就带你去尝一尝这狮子头，品一品这四喜丸子里的人生百味。"

扬州的评弹在耳边旖旎婉转，桌上的茶香四溢，却抵不住我心心念念的四喜丸子狮子头。看着面前菜谱上的宣传画，一个硕大的白瓷盅里，小孩拳头般大的四粒狮子头，裹着一层酱红色汤汁，上面还点缀着香菜梗、萝卜花，我不由得吞咽了几下口水，心里更多了几许期待。

吃过松鼠鱼，喝了桂花酒，期待许久的狮子头终于上桌。远观，色泽艳红，形若盛开的团团葵花；细看，肥瘦相间的肉粒清晰可见。嗅其味，酱香、肉香、糖醋汁的香，香气醉人；观其貌，色美、形美，小砂锅的美，美得动心。朋友用专门随"狮子头"一起拿上来的白瓷刀，前后左右地轻轻一划，拳头大小的丸子便如一朵莲花开在眼前。我迫不及待地拿竹筷子夹起一块，放入口中，肥瘦相间，软而不糯，弹性恰好，汤汁略咸，还带着一点点番茄酱汁的酸爽。第一口食香，第二口品味，第二口少了第一口的急促，细细品，肉粒的柔嫩，配料的细腻，唇齿之间的享受，让我不由得丢掉了多年的淑女范儿，来一块蘸蘸汤汁，再来一块，配一杯桂花酒，朋友看我吃得不亦乐乎，便忍俊不禁，我笑着说："人生唯有两件大事不可辜负，第一件事酒逢知己千杯少；这第二件，就是美食当前无禁忌，你看，知己有你陪我在此，眼前又有这样美味的狮子头暖我胃，美食不负我，我尚有何求呀。"

临出门，我们看到了大堂里一则用小楷写成的美食故事。当年隋炀帝带着三千佳丽下江南，其中一道美食名曰"葵花斩肉"，说这道菜取肥瘦相间的肉，配以蛋清、白糖、精盐、香葱末，大小如儿拳。一上桌，只见那巨大的肉团做成的葵花心精美绝伦，有如"雄狮之头"，隋炀帝大悦，便赞不绝口。从此，扬州就添了"狮子头"这道名菜，红烧清蒸，脍炙人口。

回到北方之后，我也吃过这道菜，却再也吃不出当时的味儿，看来，不管什么菜，还是需要适合的时间、适合的地点，更重要的是，有一个适合的人陪着，才能相得益彰呢。

四川汉源坛子肉

一坛二坛三四坛，
五坛六坛七八坛。
尝尽天下千般肉，
唯有雪山香坛鲜。

——李白

打了粮，收了稻，忙碌了一年的村民们才有了一段闲适的光阴，圈里养了一年的土猪，早已经膘肥肉厚，春节也即将到来，这时候啊，汉源的坛子肉也要被端上饭桌了。

说到坛子肉，早些年这可是汉源春节时候的重头菜，家家少不了。家里来客人，掀开密封得严严实实的大坛子，撇开乳白色的浮油，夹起几块肥瘦相间的坛子肉，这一桌子荤素搭配的菜也就不发愁了。在笼屉里蒸化了浮油，将金黄色的肉块切成片，码在盘子里，鲜红翠绿的泡椒撒上几粒，就是一道味美醇香的原味坛子肉，入口即化，肥而不腻。

再取一块原味坛子肉，趁凉着的时候切成不大不小的块儿，嫩生生的大白菜不用刀切，顺手撕成大块，坛子肉大白菜一起进锅，不一会儿就是一锅香味扑鼻的坛子肉白菜汤。再将新鲜的蒜苗掐成段，配上切成薄片的坛子肉，大火快炒，香而不腻，也是极好的下酒菜。

即便是走亲访友，也是少不了坛子肉的身影。在汉源，坛子肉一直在餐桌上傲视群雄，颇有几分餐桌泰斗的风采。虽然其他地区也有坛子肉，但是要说正宗，还数汉源坛子肉，在当地，人们亲切地把坛子肉称为坛坛肉，亲昵中还带着一种自豪感。

坛子肉能如此受到人们的喜爱，除了味美，也是因为其制作工艺不需要多高深的厨艺，家家都可做得，但是要说选材还是很讲究的，那就是必须用汉源当地农家饲养的土猪才行。

清晨，勤劳的主妇开始找出几个硕大的坛子在清澈的溪水中清洗起来，这些坛子较为简陋，都是本地人烧制的土坛子，跟村里的人们一样，不精致却古朴亲切，拿在手里都仿佛带着泥土的清香。溪水潺潺，阳光温暖，你说今天的日头好，她说家里的粮满囤，这过日子的光景一日一日若芝麻开花节节高。家里的男人们在院子里喝罢了茶，开始在院子里的猪圈边转悠，大了不成，小了也不成，不肥不瘦的肉紧实的才好。人欢笑，猪狗叫，不一会儿，一头白生生的猪就挂在了院子里，村里人的脸上都洋溢着满足的笑容。

下一步就可以做坛子肉了，将切好的猪肉与盐按一定比例搅拌均匀，放于洁净的瓦盆内腌制一天一夜，时间短了不入味，长了肉会太咸，影响做成之后的鲜美。猪肉腌制后用清水冲掉肉块表面腌渍出的附着物，沥干水分后摆在案板上切成拳头大小的肉块备用。然后在院子里垒好的土灶上架起大铁锅，将厚实的猪板油在锅里炼出油，待油色清冽，再把带皮的肉块小心翼翼地放进油锅里炸，这时候一定要大火，肉块变色之后，就要文火，一点都马虎不得。猪肉慢慢地就被炸成艳丽的金黄色，然后连油带肉倒入已清洗干净的坛子里，待温度自然冷却之后，一罐子的坛坛肉，看着确实养眼。这时候的坛坛肉是不能吃的，要封了坛子放在阴凉处过上两个月才行。

两个月过后，开坛将坛坛肉取出，一块块肉看在眼里色泽诱人，肌理分明，皮肉完整。吃在口里咸淡适中，外酥里嫩，肥而不腻，香糯适口，是家中老幼咸宜的美味佳肴。

其实，我一直好奇为什么这坛坛肉能保存如此之久，而且味道恒久不变，也问过汉源的朋友。朋友说："汉源冬春干旱无严寒，夏秋多雨无酷热，这独特的气候使得坛坛肉具有存放一年而不变质的特点。"一次偶然，我去了四川雅安，第一次品尝了坛子肉，也第一次亲眼见了坛坛肉的制作方法，七十多岁的老大爷一边炸肉一边笑呵呵地说："苦日子太长呵，一年到头家里的孩子难得吃上新鲜的肉，这样保存的肉就能吃得日子久一些，孩子馋了，就是那一罐子油也能哄哄清汤寡水的肚皮呀。"

　　我突然感觉老大爷笑容的背后带着些许模糊不清的苦涩，很多时候，美丽的外表之下，往往有些我们看不到的隐藏的故事，原来这样一道美味的坛坛肉，也是一段岁月的见证呢。

章丘黄家烤肉

岁月变迁，时光荏苒，倒是这道黄家烤肉，仿佛一直不曾改变过，味道依然是那个味道。

秋雨突至，寒意倍增，前几日仿佛还是夏日暖阳，今日这场秋雨便让隐匿在某个角落的秋天连滚带爬地猛扑过来。儿子背着书包搂着我的脖子说："今晚吃顿热乎的。"

秋雨绵绵的天气，一切都是冷的，吃顿热乎的就成了家人最迫切的需要。我给先生打电话，他笑着说："今晚啊，咱吃烤肉炖豆腐，切上自家种的小白菜，再来上几个热乎乎的大烧饼，够美了。"

挂断电话，我的心里暖洋洋的，儿子背着书包一溜小跑，口里还念叨着——吃烤肉喽。小孩子就是容易满足，一顿烤肉，一顿热乎乎饭菜就会带给他最强烈的满足感与温暖。突然很庆幸自己是章丘人，这享誉海内外的黄家烤肉，就在家门口，想吃随时都能吃到，因为这一点，被远在他乡的表姐羡慕了很多年。

在我小的时候，爷爷会隔上几日给我和弟弟买个热乎乎的烧饼，一剖两半，将油光闪亮的烤肉连皮带肉切成薄薄的片，填满烧饼。咬一口，外酥里嫩，满口肉香油香烧饼香，我和弟弟小口小口地把这个烧饼吃完，仿佛只有这样，才能把有限的幸福拉长再拉长，那种幸福与满足，是现在的孩子体会不到的。记得那年冬天，我跟着爷爷站在烤肉的摊子前，看着笑呵呵的大肚子掌柜，闻着那喷喷香的烤肉，大声说："爷爷，等我赚了钱，一定天天给您买烧饼夹烤肉。"掌柜的伸出粗大的手掌在我的小鼻子上刮了一下，逗我说："你啥时候赚钱哟？"我紧紧地抓着烧饼说："我好好学习，长大了就会赚好多好多钱。"爷爷笑得花白的胡子抖个不停。十岁那年，爷爷去世，一直到去世，他都没有吃上我买的烧饼夹烤肉。

最正宗的烤肉要数老章丘城东关大桥街口的茂盛斋烤肉铺，民国时候改名长胜斋，由于一直是黄家掌舵，世代相传，所以又叫黄家烤肉。从清代康熙初年，黄家烤肉就成为家喻户晓的美食佳肴，一直到现在，300多年过去了，岁月变迁，时光荏苒，倒是这道黄家烤肉，仿佛一直不曾改变，依然是那个味道。

历代相传的食物总是给人某些神秘莫测的稀奇，黄家烤肉也是，据说从点炉烤肉一直到开炉，女人是不许靠近的，硕大的窑炉也不是一般人想看就看的。而且，一天烤多少头猪也是有讲究的，据说多了不行，少了也不行，都是一代一代传下来的，所以为了吃新鲜的烤肉，来排队的大有人在。

一次偶然，我巧遇了一位跟黄家烤肉有些渊源的朋友，说起黄家烤肉独特的手艺，他说简直堪称艺术，从生猪宰杀、褪毛，都是有一定程序的，甚至多大分量的猪都有特定要求。先将去了内脏剔了骨的生猪，每间隔3厘米左右划割一刀深度约1.6厘米的口，再将豆蔻、八角、小茴香、粗盐均匀搓撒到猪肉上，在划割的肉条深处也要搓上配料，搓完静置半个小时，待腌渍入味后，用双肉钩勾住猪的后三叉骨，倒着挂起来，用粗细长度相差不多的秫秸段撑开后肘部和猪后膛，将钢筋做的扒条卡住猪腰的外部，形成桶状，再用秫秸撑起猪中膛和前膛，使猪身圆起来。下一步就是点炉，这种特殊的炉灶，口小、肚大，先用麦秸点燃，后扔进80斤左右的麦秸，使其充分燃烧，而后将风口用石板和煤灰堵严。用白纸糊在猪开膛的肉沿上，防止污染，把撑好的猪担在炉口上，再将一口大锅反扣其上，用土封好，稍微能冒出青烟即可。这个过程从炉口封闭开始，需45分钟烤肉即熟，掀开大锅，将烤肉抬出后挂起，用刀刮去猪皮上焦糊的外层，然后取肉切成薄片，将肉片夹在烧饼或馒头里就可享用了。

黄家烤肉，在吃上也是颇为讲究，不同的部位，就会有完全不同的口味。臀尖儿的"蝈蝈肉"最瘦，咸淡适口，再就是腱子肉，是家里老人们绝佳的下酒菜。而脖子上的肉肥瘦适中，外酥里嫩，很适合带回家切片，加上小白菜或者是小油菜炖上一大锅，味道鲜美，不油腻，老少皆宜。

傍晚，家中弥漫着熟悉的味道，儿子在厨房门口踮着脚看，嘴里还念叨着："烤肉、豆腐炖白菜，可真香！"暖烘烘、白茫茫的雾气把小小的厨房笼罩的温暖又惬意。

蔚县八大碗

八大碗是荤素兼具，色鲜味美，一顿饭吃下来，那是不用碟子不用盘，一碗一碗赛神仙。

去河北的时候，朋友说："今天咱就吃一道菜。"我心里就嘀咕："一道菜，四个人吃，今儿个这是要秀雅细致一次不成？"朋友笑着说："一道菜不是一碗菜，而是河北流传数十年的最具特色的套餐——蔚县八大碗。"

其实我早就听说过这道菜，曾经听过河北的人自豪地说："我们这八大碗是荤素兼具，色鲜味美，一顿饭吃下来，那是不用碟子不用盘，一碗一碗赛神仙。"由此可以看出，蔚县八大碗这道菜不但味道鲜美而且分量足，荤素兼有，别具特色。

我们几个人团团坐定，在等待上菜的工夫，俏丽的服务员小妹殷切地端茶倒水之后，明眸一转，说："我们这蔚县八大碗呀，可是八仙吃过的菜肴。"简短一句话勾起了我们的好奇心，原来这美味佳肴还流传着一个美丽的传说呢。

据说当年八仙过海无意之间惹怒了龙王，八仙与龙王在这东海之上进行了一场恶战。由于两边实力相当而久战难胜，仙人们也疲惫不堪，便与龙王停战休整。八位仙人退踞海滩之上，腹中空空，饥渴难耐，便分头去寻找食物，谁知一眼望去的海滩薄地，数百里之内荒无人烟，铁拐李、吕洞宾、何仙姑陆续归来，却没有寻到任何果腹之物，正在大家懊恼的时候，曹国舅归来，而且带来丰盛的美食。大家饱餐之后，意犹未尽，便追问曹国舅从何处得来如此美味。原来曹国舅一人不辞劳苦，行至内地，见一桃红柳绿相互掩映的村子，走进村口便闻一股奇香，不知不觉间已垂涎三尺，立即寻香进入一农家庄园，摇身变成农家村夫在庄主宅院窥视。只见院子里正在大宴宾朋，四方桌上八人围座，诱人的菜肴一个接一个地放到桌上，色泽诱人，香味愈发浓郁。曹国舅暗自寻思：我原乃朝廷国舅，宫廷菜肴我享用得发腻，农家菜肴我未曾见过，何不先让我大饱口福，正要下箸，突然想：众仙友尚在腹空，我又岂能一人独享呢？继而用了个障眼法采带了七样菜肴正要起身，曹国舅又想起仙姑不食荤，所以又为其独带了一碗素菜，共带了八大碗并留言：国舅为众仙借菜八碗，日后定当图报。从此之后，八大碗就开始在蔚县广为流传，成为家喻户晓的一道美食。

故事听完了，菜也上齐了，服务员将八大碗端上桌来，整齐摆放甚是好看。"丝子杂烩"五色相间，羊肚、豆腐皮、胡萝卜等五种荤素搭配的菜肴均切成寸把长的细丝，有序地码在香馥馥的汤中，鲜而不腻。

第二道是"焅肉"，简简单单两个字，却没有比这两个字更贴切的叫法了，这道菜用的是肥瘦相间的肉，肉太瘦发柴，太肥则腻，急火快炒至肉片半透明状，肉片和香葱姜片就是最简单的搭配。原汁原味的肉总是会让你想起家的味道，这道菜上来之后，大家竟然有些愣住了，或许，在这个瞬间大家都想起了些什么吧。

酌蒸内，是将大块的肉经过炙烤之后，再上笼屉文火蒸熟，用冰糖黄酒生抽上色调味，汤色红润，味道极为醇厚。只是对于我这种素食者来说有些望而生畏，所以，在朋友的一再劝说下，我依然坚持摇头拒绝吃这道菜。其实，美食除了果腹，观其色、闻其香何尝不是一种享受呢。

"虎皮丸子"外层金黄，内里松嫩。内里是将上好里脊肉剁成肉蓉，加入大料水揉捏成龙眼大小的丸子，外面裹上糊，炸成金黄色，浸润在红汤里，坐上宾客无不胃口大开。

八大碗中还有肥瘦相兼的"浑煎鸡"，我对鸡肉向来没什么兴趣，倒是下面衬汤底的炸豆腐吃了好几块，豆腐吸足了鸡肉的鲜香，咬下去，汤汁满口。同行的妹子不喜欢油腻，一直不怎么动筷子，最后上来的三道菜，汤色清淡，青翠的香菜末儿特别惹眼。服务员小妹儿笑嘻嘻地说："这三道菜就是清汤菜，虽然清淡，但味道独特。""清蒸丸子"衬在白玉般的白菜叶上，甚是好看，吃一粒，清淡的味道，一下子把前面的大鱼大肉的油腻消除得一干二净。至此，好像已经吃饱喝足，接着上来的鲜嫩的"块子杂烩"，虽然看上去别致得很，但是大家已经没有举箸再尝的意思了。

小妹儿边唱曲子边送上最后一道素淡清香的"银丝肚"，汤中加入切成细丝的肚儿，上面还加了一撮小香葱末儿，但是大家却也只能是眼馋肚儿圆，着实吃不下去了。其实，细细想来，这上菜的顺序也颇为有趣，在这"八大碗"中，前五碗属于荤汤菜，其调味浓郁，极易勾起人的食欲，而后三碗则属于清汤菜，极其清淡爽口，适合静下心来慢慢地品尝，而且还可以消除前面肉肴的肥腻之感。由此看来，宴请宾朋也是大有学问呢。

据说，蔚县在古代的时候，上至富贵之家，下至布衣百姓，家里有喜事或是来了远道的贵客，这八大碗是绝对不可缺少的，而客人也要从第一碗吃到最后一碗，这才能宾主俱欢。历经风雨，世代沧桑，虽然蔚县很多有关美食的故事都淹没在岁月的风尘里，但是这八大碗却保持着其敦厚富足之态，迎接着来来往往的宾客们。

吉林白肉血肠

　　"翠花，上酸菜！"带着浓郁的东北二人转味儿的吆喝声泼辣辣地响起来，这道菜真是让人垂涎欲滴。

　　热腾腾的大铁锅里，两寸长寸把宽的大肉片在沸腾的汤水中沉浮着，呈半透明状，切成薄薄圆片儿的暗褐色血肠掺杂其间，搭配上细丝的酸菜，甚是好看。屋外天寒地冻，屋内肉香扑鼻，韭花酱、辣椒油、蒜末儿，再来一碗烧刀子，将这碗碗盏盏在用了多年的黑黝黝的炕桌上摆一溜儿。一句"翠花，上酸菜！"带着浓郁的东北二人转味儿的吆喝声泼辣辣地响起来，真是让人垂涎欲滴。

　　父亲年轻的时候在吉林工作过，所以这道吉林的白肉血肠就被带回了山东，而且成了家里每年冬天必不可少的大菜之一。

　　白肉血肠是满族人过冬时节必吃的一道菜，神仙要吃，老百姓也要吃。为什么说这道菜是神仙要吃的呢？每年冬天，信奉萨满教的满族人都会虔诚地供奉天地神明，上达帝王权贵，下至百姓黎民，都会杀猪祭祀。在《满洲祭神祭天典礼·仪注篇》曾这样记载："神肉前叩头毕，撤下祭肉，不令出户，盛于盘内，于长桌前，按次陈列。皇帝、皇后受胙，或率王公大臣等食肉。"这种肉叫"福肉"，即"白肉"。所谓血肠，即"司俎满洲一人进于高桌前，屈一膝脆，灌血于肠，亦煮锅内"，这就是血肠，通称"白肉血肠"。由此看来，这在当时算得上是一道大菜了。清朝之后，满汉之间日益融合，这道白肉血肠也就成了东北人最常吃最爱吃的一道菜，是杀猪菜系列中的典型代表。

平日吃肉，人们喜欢的都是里脊，对于膘肥肉厚的五花肉都是敬而远之的，但是在白肉血肠里，却是非五花肉不可。记得冬天一下雪，我和弟弟就盼着周末能起个大早，去村子里杀猪的大爷家里接上一盆子猪血，这可是灌血肠的主料，幸好村子里的人们都不怎么吃猪血，所以我跟弟弟每次都能端上一瓦盆，杀猪的大爷乐呵呵地说："就你家会吃，灌了血肠可别忘了我。"

母亲将买好的肠衣收拾得干干净净，一条一条地翻过来摆在盘子里，父亲开始调制血肠。我跟弟弟蹲在旁边，一个劲儿地催促父亲快点。父亲说这可是个细致活儿，急不得。新鲜猪血要澄清半晌，然后只用上边的血清，父亲说这样的血肠口感细腻，沉淀下来的就煮熟了切上大葱段炒了吃。我跟弟弟将沉淀好的血清加上清水，一人一双筷子搅啊搅，玩得不亦乐乎。父亲把事先炒好的砂仁、桂皮、紫蔻、丁香等调料用蒜臼子捣成细细的末儿，再加上一勺盐、一勺糖，将其搅匀了撒在猪血里继续搅拌。片刻之后，父亲就开始一勺一勺地将血灌进肠衣里，这是个技术活儿，我和弟弟只能老老实实地旁观。灌好的血肠圆圆胖胖，如小孩儿胳膊一般放置在盘子里，晚上的菜一定就是小孩儿盼了大半年的白肉血肠了，父亲也定然是要请大伯过来喝一杯的。

暮色一落，父亲就开始把煮好的五花肉切成薄薄的大肉片码在案板上，再从酸菜缸里捞出一棵大白菜，切成细丝备用。灶下的柴禾噼啪地燃烧着，将血肠放入开水锅用小火煮至浮起就好，再煮会老，捞出晾凉之后再切片。这时候是要换上那口大铁锅的，煮肉的汤就是汤底儿，不用再加任何佐料，白肉配着暗褐色的血肠和腌制好的酸菜，甚是好看。热腾腾的一大盆端上来，就着自家腌制的韭花酱与油泼辣椒，一家人吃得是满头大汗。其实这道菜当饭也行，当菜也行，当饭吃就少加点盐，当菜吃就多加上一勺子盐。那时的光景，将白肉血肠当饭吃是奢侈的，我和弟弟往往都会多吃半个馒头，呼出一口气都是满满的肉香。

那年，我们在吉林一家馆子里吃了一顿白肉血肠，味儿是正宗得很，配料也精细，却总觉得意犹未尽，少了点什么。细细想来，我的父亲已经是七旬的老人，多年不曾做血肠了。

浙江东坡肉

慢着火，少着水，

火候足时他自美。

每日起来打一碗，

饱得自家君莫管。

——苏轼《食猪肉诗》

　　私下里我以为，文人都是老饕，不信？苏小妹的"酥锅"，张大千的"四喜丸子"，苏东坡的"东坡肉"，袁子才甚至还专门为口腹之物撰书立说，写了厚厚一本《随园食单》。由此看来，倒是现在的我们虽自诩为食不厌精，脍不厌细，但真是与古人差了十万八千里。

　　东坡肉卖相颇好，虽然是江南的名吃，但是却带出了几分北方人的豪迈，将手掌大的五花肉切成小方块，每块都大方得恰到好处，金黄色的稻草拦腰结成个稻草结，浓烈的红色肉皮挂了晶莹的酱汁，不用吃，单单是看一眼就足够下饭了。苏东坡是四川人，川人性子耿直稍带泼辣，多次直言上谏，也多次贬谪他乡，但是却能为自己的生活找乐子，游山玩水，写得了豪迈诗文，做得出美食肴馔。据说东坡肉就是他在被贬期间，与民同乐而创造的一道美食。

　　当年苏东坡被贬黄州，黄州多猪肉，在他写给老友的信中就这样说："黄州猪、牛、獐、鹿如土，鱼蟹不论钱""鱼稻薪炭颇贱，甚为贫者相宜"。意思就是说：黄州呀，物产相当丰富，而且价钱便宜，可惜就是百姓贫穷，文化落后，守着各种食材也做不成美味佳肴呀！所以，我们的苏夫子就暂用挥毫泼墨的绝代妙手自操刀俎，亲研美食，这一做还成瘾，为今天的我们留下了大量的美食，还专门用东坡做了名号。除了这道东坡肉，还有东坡鱼、东坡羹、东坡豆腐等，一一道来，荤素兼具。会做还不成，还得做出水平吃出雅趣，所以咱们的苏夫子还专门作《食猪肉诗》来记录这一道美食，诗里是这样写的："黄州好猪肉，价钱等粪土。富者不肯吃，贫者不解煮。慢著火，少著水，火候足时他自美。每日起来打一碗，饱得自家君莫管。"

苏公是一位耿直汉子，多地任职期间，在老百姓中留下大好口碑。北宋神宗熙宁十年秋，黄河决口，七十余日大水未退。时任徐州知州苏轼亲率全城吏民抗洪，身先士卒，终于战胜洪水，并于次年修筑了"苏堤"。全城百姓感谢苏知州为民造福，纷纷杀猪宰羊，担酒携菜送到府中。苏公推辞不掉，便将这些肉让府中厨子加工成红烧肉后再回赠百姓，大家吃了都赞不绝口，称其为"回赠肉"。后来苏公在黄州上任，经多次研究揣摩之后，终于做成了色香味俱全的东坡肉。

不过，东坡肉在杭州才算是修成了正果，杭州人吃得精巧，也吃得挑剔，经过多次改良的红烧肉，在这里才将其美名传遍天下。宋哲宗元祐四年，苏轼又来到阔别十多年的杭州任知州。同年的五六月间，大雨不止，太湖泛溢，苏轼及早采取有效措施，修堤筑坝，引流疏导，不但解决了水患，还让西湖景色焕然一新。杭州的老百姓很感激这位苏知州，听说他在徐州及黄州时最喜欢吃红烧肉，于是许多人上门送猪肉。苏东坡收到后，便指点家人将肉切成方块，然后烧制成熟肉，分送给参加疏浚西湖的民工们吃。他送来的红烧肉，民工们都亲切地称为"东坡肉"。当时，杭州有家大菜馆，老板听说人们都夸"东坡肉"好吃，便也按照苏东坡的方法烧制，挂牌写上"东坡肉"出售，随后那家菜馆的生意很快兴隆起来，门庭若市。一时间，杭州不论大小菜馆都有"东坡肉"。后来，杭州名厨们公议，把"东坡肉"定为杭州第一道名菜，流传至今，所以今天的我们才能大饱口福。

都说食肉者鄙，但是苏公却是心怀天下百姓黎民，治得水患，烹得美馔，一道东坡肉让杭州的百姓从古吃到今，他们吃的不仅仅是一道菜，更是一种胸怀，一份为国为民的赤子之心。

去杭州，定然要走苏堤看烟柳，也定然要去飘摇着杏黄色旗子的酒肆中来一壶绍兴酒，更要叫上一盆东坡肉大快朵颐，这样方能不负苏夫子与民同乐的心吧。

潮州蒸肠粉

潮州蒸肠粉源自广州，有自己的特色，造型丰腴，味道独特，"白如雪，薄如纸，油光闪亮，香滑可口"。

第一次吃潮州蒸肠粉，我是不忍下箸的，观其形，色白如雪，皮薄如纸，油光闪亮。品其味，香滑可口，油润多汁。平常的米面肉菜竟然能做到精致如斯，真是让人叹为观止。

一直以来，我对肠这个物件总是在心底里有种排斥，所以对肠粉也并没有多少喜爱。当朋友说吃肠粉的时候，我笑了笑，没有拒绝，但是也绝对没有同行的几个年轻小姑娘的欢呼雀跃。

在广东，菜肴小吃一直以精致著称，不管是茶楼的烧卖虾饺，还是煲的恰到好处的美味靓汤，都精致得让你不得不收敛平时的粗野狂放，哪怕是装出几分的优雅与娴静都会觉得那才是最自然的。

当一碟子肠粉端上来的时候，一段一段的肠粉整齐地摆在玉白色的碟子里，薄如蝉翼的外皮儿透着淡淡的粉色，一眼看上去比水晶饺还要晶莹剔透，浇上的酱汁色泽鲜艳，哪有印象里猪肠的粗陋呢？朋友说虽然叫肠粉，却只是取其雏形。我惊讶地问："肠粉不是用猪肠子做的吗？"满桌人大笑不止，此刻我才知道是自己想当然了。

广东肠粉源于老西关，据说在清末就已经成了深受广东人欢迎的早点了。那时候，大清早就会听到清亮的吆喝声——肠粉，肠粉！挑着担子推着小车卖肠粉的都是夫妻二人，或慈眉善目，或布衣素服，无一例外的都干净清爽。

广东肠粉虽然是小吃，但是用料绝不含糊。将猪肉、虾仁、鸡脯肉剁成末儿，用料酒精盐等佐料煨起来，然后配以时令蔬菜，蔬菜也要剁成细细的蔬菜粒儿来备用。下一步就是做肠粉的外皮儿，也就是肠衣，当然，皮儿绝对不是猪的肠子，而是用米浆做成的。大米淘洗干净之后，泡胀后磨成浆，然后在笼屉上铺一块雪白的屉布，用调羹把米浆均匀地摊在屉布上隔水蒸熟，用竹刀轻轻地将其切割成整整齐齐的方形。接下来就是包肠粉，这个过程看似简单，其实是个技术活儿，馅儿少了蒸出来的肠粉是瘪的，没有饱满的形儿，馅儿多了蒸的过程中容易破，想象一下，一开盖子，破了的粉肠儿如残兵败将般该是何等狼狈。所以，好的肠粉不但皮薄馅儿多，还饱满剔透，据说做得好的，能让你看到肠粉的馅儿。

将调好的肉馅儿加入蔬菜末儿，拌匀后预先炒熟，小心地卷入肠粉皮儿，切段装盘待用。这边大火将油预热，把剥好的蒜放入油锅炒香，再将淀粉加入到蚝油生抽调成的酱汁中，熬成透明的芡汁儿，浇在切好的肠粉段儿上就可以上桌了。还有一种就是在蒸好的肠粉皮儿上笼的时候加入生肉馅，出锅以后浇上特制酱料直接放入碗中食用，据说这样的馅儿鲜嫩多汁，口感更是爽滑得很，两种做法相比较，我更青睐第一种，朋友却说当地人都喜欢第二种，那种肉香在蒸的过程中浸润了皮儿，水乳交融的味儿才是正宗。

据说，还有一种肠粉就是单纯的米浆做成的，全素，吃的就是酱汁的味儿，但是对于这些肉食者来说，没有肉的鲜香，没有唇齿间汤汁的醇香，怎么能算得上是肠粉呢？

云南宣威火腿

　　《宣威县志稿》载："宣腿著名天下，气候使然。"这句话奠定了宣威火腿在云南美食中不可撼动的地位。

　　我喜欢吃昆明的鲜花饼，吃完了唇齿之间会有一股子淡淡的花瓣儿的清香。年过半百的小姨喜欢吃云腿月饼，她说那个地方再也回不去了，吃个云腿月饼其实就是吃个念想，细细地咀嚼，那些淡漠的往事也能慢慢地沁出香味儿。

　　云腿月饼是云南的特产，咸味儿的月饼各地都有，但是不能叫云腿月饼，充其量也只能是火腿月饼，味道更是差得远。云腿月饼的馅儿就是用著名的宣威火腿切成小丁儿，混合蜂蜜、猪油、白砂糖等做成的，咸甜适中，味道鲜香，是属于咸味儿月饼里的经典。对于在宣威待了十年之久的小姨来说，宣威火腿已经牢牢地在她的回忆里生根发芽了，这么多年都不曾忘记过。

　　那时候我还是个小孩儿，每年进了腊月门，我就盼着小姨回来，因为小姨回来了我就有肉吃了，她背回来的那整根琵琶形的宣威火腿足够我吃上几个月的。小孩子对什么上关雪、下关风、洱海月并不感兴趣，倒是"宣威火腿"这四个字着实让我感到了童年的美好。

　　宣威的地理环境独特，地处滇东北乌蒙山麓，山清水秀，冬季特别寒冷。每年从霜降开始，当地的老百姓就开始从猪圈里把养了一年的肥猪赶出来，将猪杀后腌其肉做火腿，整个冬天都在忙碌之中。制作火腿要先将放干了淤血的整根猪后腿洗净、晾干，用盐细细地揉搓，小姨说这是个技术活儿，也是体力活儿，从霜降到立春，家家户户都会在自家的屋梁底下挂着几个硕大的火腿。做火腿用盐也是颇有讲究的，用的都是取自遥远的滇西南的"磨黑"，这种盐能让火腿色亮肉鲜，是当地人做火腿的最佳选择。经过腌制后的火腿堆码多日腌制透了，然后悬在透风避光的瓦房房梁上进行风干，从腌制到发酵风干一直到火腿的成熟，整个时日要延续到来年的端午节。这是一个缓慢发酵的过程，一般一年以上火腿就可以吃了，但是要达到色香味俱佳则要三年以上。据说宣威的火腿发酵成熟之后上"绿袍"，就是外壳呈现出淡淡的绿色之时，就要检验火腿是否发酵成熟。然后将胫骨与股骨骨缝附近、耻骨与股骨结合处、坐骨的肌腱部位三个不同地方的篾针取出，若是上针清香，中针和下针无异味才算是合格的火腿，这种方法一直延续至今日，是宣威火腿独特的三针清香法。

在宣威，若有客上门，主人就会不慌不忙地取下成熟的火腿，谈笑之间就做出了一道道美味的火腿菜。刚刚取下的火腿色泽艳丽，红白分明，瘦肉呈现嫣红的玫瑰色，肥肉呈现出细腻的乳白色，而骨头则是娇嫩的粉红色，让人看了就胃口大开。酸笋火腿汤、烤火腿、炖火腿等一道道美味佳肴，还有那外酥里嫩的云腿月饼都是让人欲罢不能的美食，但是我却独爱吃蒸火腿，与米饭一起蒸熟的火腿才是原汁原味的，所以母亲对付我这个嘴巴很刁不爱吃饭的小丫头的法子，就是隔上几日切下几片火腿肉蒸白饭给我吃。

宣威火腿的吃法在我家里简单得很，先将火腿清洗干净后去掉外面薄薄的一层，然后切成巴掌大小的火腿片，红白分明，甚是好看。待锅里的米饭六成熟的时候，开锅后把火腿片均匀地铺在米饭上，盖上盖子继续蒸，不一会儿满屋子里都是火腿浓郁的鲜香。这时候，不管外面有多少人叫我，我都雷打不动地搬着小凳子坐在灶前，深深吸一口气都觉得幸福得不得了。这样一只十斤重的火腿，就日渐被我吃进了肚子里，最后连那泛着桃红色的腿骨也会被母亲加上青菜粉丝炖了，成了父亲的下酒菜。后来，在我们这边的超市也能看到切成小块、包装精美的宣威火腿了，偶尔我也会买回来炖汤或者是蒸饭给我家那个小孩儿吃，只是小孩子总是不怎么爱吃。

一只宣威火腿有十斤左右，我那时候怎么也想不明白瘦弱的小姨在背着大包小包的行李之外，再扛上这个大家伙是如何辗转千里才能回来的。现在我已为人父母，终于体会到了当年小姨疼爱我的那颗心。所以，每当过年过节的时候，我都会给小姨买上一大盒云腿月饼，陪着她一起怀念着记忆中的宣威和永远美味的宣威火腿。

台湾肉臊

从孤身一人，到一家三口，三口之家吃遍了各种美味佳肴之后，这道最为平常的肉臊饭成了家里人的最爱。

朋友阿坤在台湾生活了十五年，一直保持着山东人的饮食习惯——爱吃面食，还颇有将之发扬光大的趋势。对于宝岛台湾的各种美食，用她的话说就是没味儿，不管饱。但是有一道菜，她仍严谨地按照台湾当地原汁原味的做法去做，那就是肉臊。她不但将肉臊做得娴熟之极，还能无师自通地将与之相配的白米饭换成龙须面、蝴蝶面、裤带面，甚至刚出锅的热乎乎的馒头都能与之相配，总之，在她的手里，肉臊是各种米饭面食的百搭绝配。

好的胃口与好的食材相遇，那才是最美的邂逅。阿坤与台湾肉臊的邂逅就是如此简单而美妙。台湾肉臊的配料极其家常，但是味道绝对是咸鲜爽口，油而不腻，极为下饭。而且还可以根据季节来加入应季时蔬，配米饭、面条，甚至可以搭配汉堡，中西合璧也绝对不会有任何违和感，所以这平常的肉臊成了台湾人生活中最离不开的美食了。

肉臊必须选择五花肉，因为肉最好吃的部分并不是精肉而是五花，润而不腻，瘦而不柴。将五花肉切成小小的丁儿，稍微剁一下成肉糜状收在一边。红皮小洋葱也切成细细的末儿，然后锅底放油开始炒葱酥。这一步一定要用小火慢慢地炒，炒好后，香味儿在满屋子里弥散开来，吸一口便泌人心脾。把炒好的酥脆洋葱捞出码在小碗里，葱油可千万别倒掉，一会儿这就是主角，要是还能剩下一些葱油，第二天早上还能够做碗香喷喷的葱油面呢。

下一步是将泡好的香菇和萝卜干小咸菜都切成碎丁儿。趁着锅还热着，将葱油倒入锅中，放入香菇丁大火翻炒六分熟，加入肉糜继续翻炒，顺势倒入咸菜丁儿爆炒。然后把提前备好的蒜末和姜末撒进锅，再来一勺老抽、一勺生抽，老冰糖也来几粒，料酒蚝油更是不可少。最后，浓郁的肉香味会让你垂涎欲滴，忍不住想来一口。这时候，还必须加入一味独特的调味料，那就是鱼露，鱼露就是广东、福建等沿海城市用鱼虾酿造而成的酱油，味道很鲜。加入调味料后继续翻炒上色，投入洋葱酥，再倒入半碗水，之后大火开锅转小火慢炖三十分钟，时间到后将锅盖一打开，那种浓郁的香味是毫不含糊的，简直可以算得上是夺人心魄了，待汤汁收得差不多，加入一点点胡椒粉和鸡精就能装盘出锅了。不，这个肉臊是不可以用盘子的，找出一个普通的白瓷碗，在红亮的肉酱上点缀上几片小香菜叶子，着实好看得很，阿坤笑着说："你倒是会配呢。"看来愈是简单平实，愈是让人难以忘怀的吧。

这时候，电饭煲里的米饭也正好出锅，一碗雪白的香米饭，一大勺子肉臊，再来两片切好的酸黄瓜，若喜欢吃蛋就来个白水煮蛋，一切两半摆上啊。

阿坤说她刚去台湾的时候不会煮饭，就在租住的公寓楼下的煲仔饭小店里解决一日三餐。也就是在那里，她认识了自己的先生，是他教会了自己这道台湾肉臊饭。如今，十年过去了，从当初的孤身一人到今天的三口之家，在阿坤和家人们吃遍了各种美味佳肴之后，倒是这道最为平常的肉臊饭成了大家的最爱，家里的小丫头每周带便当到学校给同学分享最多的也是这道肉臊饭，或者是肉臊银丝面。

肉臊饭让我想起妈妈做的鸡蛋肉丝炒饭了，当年在师范上学的时候，我每周回家都会抱着硕大的盘子吃上满满一盘，那种家的味道，是无论何时何地都让人难以忘却的。

福建莆田炝肉

制作这道炝肉前前后后不过就是一刻钟，但是每一道工序都精致得让人心底里不由得赞叹，原来，就是这样简单的一道菜，也是取不得巧呢。

在福建的莆田，若是你说吃炝肉，八成的本地人会诧异地看你半晌，然后会操着地地道道的莆田话告诉你：吃炝肉啊，去九天湾找阿文呐。在莆田，炝肉一直被叫成窗肉，若是你按照正确的读音去讲，大部分的小店里是不知道你要吃什么的。炝肉在莆田是一道随处可见却绝对不容忽视的美食，其中九天湾的阿文炝肉在当地首屈一指。我没去过九天湾，炝肉却有幸吃过几次，说起来也没什么奇特，但是就胜在这暖心暖肺的踏实。

楼下租房的单宁就是来自莆田，很秀气的小姑娘，在市区一个名不见经传的小公司做文员，薪水不高，所以小姑娘的日子过得是精打细算。每天下班回家，单宁不是提着一小把青菜和几个西红柿，就是提着巴掌大的一块精肉，葱姜蒜也全找齐了，她每次遇见我都会羞涩地笑一笑，细柔地叫声"姐"，日子久了，我俩也慢慢地互相熟悉了。

周末我正在家赶稿，突然传来有节奏的敲门声，轻轻地敲三下停住了。我的心里有几分诧异：老公是自己带钥匙开，我家的小孩儿是砰砰砰如狂风暴雨般地砸门，闺蜜来了也是连敲门带着大呼小叫。我寻思，敲门还能敲得如此文雅的真让我寻不出几个呢。于是，我便开门一看，是单宁，她正端着一个盖碗略有些羞涩地望着我说："姐，这些日子常常麻烦你，我做了点我们莆田的特产炝肉，给你尝尝，你别嫌弃我手艺不好。"我欣然接受了单宁为我做的美食，在家中与老公和孩子慢慢地品尝。

其实，我对肉食一向没什么偏爱，没想到这道看似平常的小菜却受到老公和儿子的大加赞扬，他们催促着我去单宁家里学艺。再次遇见单宁的时候，我讲笑话一般说要跟她学习做炝肉，这道菜在我家大受欢迎。没想到周末单宁竟然真的约我去菜市场买食材，准备当场授课了呢。

我一边逛菜市场一边听着单宁介绍挑食材的绝招，肉要五花，瘦而不柴，青菜要带点虫眼儿，鱼要看眼睛等，这一套一套的生活小窍门从一个十八九岁的小姑娘口中说出来，不由得让我大为佩服。我笑着说："单宁，没想到你小小年纪懂得可真多。"单宁有些黯然地说："姐，我十六岁就出来打工了，那时候最幸福的就是能一个月给自己做顿炝肉吃，不过你看现在好多了呀，我想吃就能买来自己做着吃呢。"我看着这张还带着几分稚气与青涩的面孔，竟然有几分心疼，明明还是一个孩子，却能把生活吃透到如此，不禁感慨生活才是人生最严厉的老师。

"炝肉要用里脊肉，切成薄片之后用小木槌轻轻捶打，让肉质变松，这样口感会格外鲜嫩。切成丁也行，不过切成这样的菱形块儿吃起来更爽口呢。"单宁一边慢慢地跟我说，一边操作着，细细的手腕一上一下地挥舞着小木槌。捶打好之后用精盐、鸡精、味极鲜等佐料腌制一会儿。就在腌制的时候，单宁有条不紊地把芥蓝菜叶子清洗干净切成细丝整齐地码在案板一边，将买来的豆腐泡清洗后也码在一边，淀粉也盛在一个浅浅的盘子里。她笑着说："你们这边人都不怎么吃芥蓝叶子，其实在我们那边，这个青菜味道很清爽，能解腻，最适合搭配肉食了，不过换成其他应季的蔬菜也行。"我们说着话儿的时候水就开了，单宁把腌制入味了的肉片平铺在淀粉盘子里均匀地裹上一层，用筷子一块块地夹起来轻轻抖一抖下锅。不一会儿，肉片便如一片片玉兰花似的开在水中，淡淡的粉色特别诱人，接着加入豆腐泡，淡淡的清香味就弥散在单宁简陋的小房间里。单宁看了一下表，麻利地把芥蓝菜丝撒进锅里，然后迅速关火，加少许盐，再滴几滴麻油，将其盛在带着小兰花儿的白色瓷碗里，看上去真是清爽宜人。单宁做这道菜前前后后不过就是一刻钟，但是每一道工序都精致得让人不由得在心底里赞叹，原来，就是这样简单的一道菜，也是取不得巧呢。此刻的我忍不住先拿起勺子吸溜了一口汤，那个鲜香，真的是直沁肺腑。

单宁把剩下的芥蓝放入开水一氽，出锅后来点黑木耳并加入几滴蚝油、香醋，便又是一道爽口小菜，再加两碗白米饭，两个人竟然吃得不亦乐乎。我们一边笑一边吃着，单宁突然轻轻咬着嘴唇说："姐，你能抱抱我吗？从我妈妈去世之后，很久也没有人跟我这样开心地吃顿饭了，我妈在九天湾做了一辈子炝肉，我却再也吃不到了。"抱着单宁，我心有戚戚：姑娘，生活会给你一份温暖、也会给你一份痛楚，但是我们还是要坚信，日子一定会朝着温暖朝着美丽前行。

一年之后，单宁说要回老家了，离别的时候她端着一碗炝肉来与我告别，那道菜，我们吃出了别样的滋味，难舍、难忘。

第四章

鱼鲜遍地话桑麻——10道四时河湖鱼鲜

西塞山前白鹭飞，桃花流水鳜鱼肥。
青箬笠，绿蓑衣，斜风细雨不须归。

——张志和《渔歌子》

龙井虾仁

美食家高阳在《古今食事》里曾提及："翁同龢创制了一道龙井虾仁，即西湖龙井茶叶炒虾仁，真堪与莲房鱼（《山家清供》里介绍的名菜）匹配。"

去杭州必然得去西湖，去西湖必然要尝一尝龙井茶。吃茶静心神，收敛肆意的玩笑，一杯清香宜人的龙井茶吃完，便自觉带着江南女子的婉约与清雅。走出茶社，我们这些尘世之人，还是要食人间烟火的，看过雷峰塔，走过断桥，便寻着味儿问着道找那些鲜美的吃食去了。

来杭州龙井虾仁是一定要吃的，我们选择的日子恰到好处，清明刚过，新茶初成，河里的虾也正是饱满的时候，所以一行人都笑着慨叹：人生美事竟凑得如此美妙。三五好友相伴，柳陌如织，江南春雨，想来便忍俊不禁，一个个都笑成了一朵朵俏丽的栀子花。

我们在西湖边上找了一家看上去颇为洁净的小店，店面不大，二层小楼，顺着楼梯上去的时候，旁边的扶手经多年的摩挲都有了些包浆，如同手腕上挂着的浸润了日光和岁月的珠珠串串，让人心里有了几分敬畏的亲昵，是的，我们在岁月面前都是有着一分敬畏之情的。推开窗子，我们将春色引进，此时杯子里的茶必定是龙井茶，到了西湖若是不饮一杯，那该会多么懊恼。杯中雀舌恰到好处，嫩绿的芽儿，清澈的茶汤，啜一口，顺喉而下，心都柔润开来。此刻的我们，倚靠在厚实的绣了栀子花的靠垫上，人都变得娇慵了，慢慢地说，轻轻地笑，仿佛江南的柔媚已经浸润到了骨子里。

　　我们要了一尾醋溜鱼，点了一壶桂花酒，几道爽口的小菜，当然，压轴的还是那道心仪已久的龙井虾仁。虽然茶叶入馔在北方也早已经不稀奇，比如济南大街小巷口热乎乎的大锅子里的茶叶蛋，是每天必吃的早餐，但茶叶也只是家里的老叶子茶，取那点微末的茶香而已，提味儿的还是适合于我们北方人肠胃的八角、小茴香之类的香料，哪比得上这道龙井虾仁雅致呢。

　　月白色的细瓷盘儿，晶莹剔透的虾仁，再将碧青的茶叶点缀其间，旁边还缀了一朵儿雪白的栀子花，清淡得仿佛这江南的风、这西湖的水，让人一看就忍不住食欲大开，但食客绝对不会若饕餮一般，而是小心地夹起一粒虾仁入口。"呀，好嫩！"忍不住轻叹一声，虾肉的新鲜，茶叶的清香，顿时把我的味蕾沉醉了。上菜的老板娘告诉我们，这看似极为清淡的虾仁已经浸润了茶叶的清香，中和了虾本身略带的土腥味儿，但还保留了虾肉极为新鲜脆爽的口感。我们喝了几杯桂花酒，话语不由得浓稠了起来，邻桌的客人是江南的夜归人，用吴侬软语说起这龙井虾仁的来由，竟然把我们这群微醺的女子吸引了过去。

　　在江南，每一道菜都是一道风景一个故事，这道龙井虾仁也不例外。当年乾隆皇帝下江南，微服私访时恰逢雨天，于是一行人便避雨在一农舍。村姑用山泉水沏了新采的龙井茶，乾隆爷一品此茶，入口清香，回味悠长，想讨要却不曾张口，临走偷偷握了一撮茶叶在袖中。随后乾隆皇帝又来到西湖边一酒楼，取出袖中茶要小二沏茶，不料露出龙袍一角，小二惊慌，急忙跑进后厨告知店主，厨师正在烹制新鲜的河虾仁，慌乱之中把小二手中茶叶当成葱花儿撒入锅中，没想到歪打正着，这道虾仁茶香馥郁，色泽诱人，厨师将这道做好的虾仁呈献给乾隆皇帝，乾隆皇帝吃后龙颜大悦，赏赐百金给酒楼。从此以后，一道龙井虾仁成了西湖边最诱人的佳肴美馔之一。且不说故事是真是假，但乾隆皇帝袖里藏茶的故事却让龙井茶有了一种格外金贵的身份。

　　说到江南的美食，不得不提一个人，那就是做得东坡肉、写得好文章的苏轼苏大学士，传说江南杭州酒楼天外天的厨师就是受了苏大学士《望江南》中名句"且将新火试新茶，诗酒趁年华"的启发，选用"色绿、香郁、味甘、形美"的明前龙井新茶和鲜河虾仁烹制而成的这道龙井虾仁，成菜之后虾仁鲜嫩可口，茶叶碧绿清香，色泽雅致，滋味独特。

美食家高阳在《古今食事》里曾提及："翁同龢创制了一道龙井虾仁，即西湖龙井茶叶炒虾仁，真堪与蓬房鱼匹配。"蓬房鱼不曾吃过，这道龙井虾仁倒是让我们这群贪吃的小女子在回到北方之后还念叨了许久呢。

安徽臭鳜鱼

用筷子轻轻一戳，油亮亮的鱼肉便跟鱼骨分离开来，吃到口中，不但一点臭味都没有，而且全是鱼肉的酥香，来一勺汤汁，拌在米饭里竟然也美味异常。

"桃花流水鳜鱼肥"，每次读到这句我都会想起一个人，会忍不住在嘴角挂一抹淡淡的微笑，甚至会在记忆深处再把那个一边对着一盘子臭鳜鱼皱着小鼻子说"真臭"，一边大快朵颐的小姑娘拎出来，陪我痛痛快快地重温若飘萍一样的日子，虽然日子清苦，但也有许许多多不一样的乐趣。

米丹是个安徽姑娘，秀气得很，一说话弯弯的月牙眼会让你忍不住心疼她，那时候我们不过二十几岁的年纪，住在济南一个小巷子里租来的老房子，十几平方米的房子却也布置得井井有条。搬家的时候，米丹一手拎着一只电磁炉，一手拎一只不粘锅，肩上背的硕大的包里露出勺子、铲子、盘和碗。我说："米丹，将来你绝对是个过日子的贤妻良母。"米丹笑眯眯地说："我妈妈说了，不管在哪里，一定要心疼自己，心疼自己的最简单的方式就是吃好喝好，喝好吃好。"米丹给我做的第一道菜就是臭鳜鱼，她说在他们安徽青阳，不吃臭鳜鱼就不算到安徽走了一遭。

在我的印象里，吃鱼一定要吃个新鲜的，记得小时候外公吃鱼都是要吃在水盆里活蹦乱跳的鱼儿，刮鳞剖腹上锅也不过两个小时，时间久了就少了那个鲜味儿，也就没什么吃头了，鳜鱼这样名贵的鱼更是要吃个新鲜，曾经我跟着外公去济南的春江饭店吃过一道松鼠鳜鱼，也是吃的那个鲜美劲儿。

那日，米丹费劲儿地把收拾好的新鲜的鳜鱼抹上盐裹上保鲜膜，之后还得压上一块碗口大小的石头放在橱柜顶上，然后米丹冲着我神秘地笑了笑。

三日之后是周末，吃了多天白菜豆腐的肠胃也开始提出抗议，米丹说今晚给我做大餐，臭鳜鱼配米饭，保证吃得我肚儿圆眼睛瞪。米丹提前腌制的鳜鱼已经有了淡淡的臭味，色泽红润，如涂了一层淡淡的胭脂，若是在老家，这样的鱼猫儿都不吃呢。我皱着眉头在一边看着米丹熟练地清洗鳜鱼，将切好的碧绿的蒜苗段儿、薄薄的五花肉片、白嫩嫩的笋片整齐地放在案板上，不说味道如何，光看这配色，就足够赏心悦目了。

在热锅中倒入油，把打好花刀的鳜鱼下锅，小火慢慢将其煎至金黄色，盛出装盘，用锅里的底油把五花肉略翻炒，再扔进笋片，接着就是往煎好的臭鳜鱼中加酱油、绍酒、白糖、姜末和鸡清汤，大火开锅后转用小火慢炖。看着手脚麻利的米丹有条不紊地完成一切，我羡慕地直吧唧嘴。米丹说，这道菜在她家隔几日就要吃，吃了二十年了，依然喜欢吃，不管走到哪里，吃着家乡的菜就不孤单，因为里面有妈妈的味道。

妈妈的味道，是啊，不管离开家乡多远，总有一个人在等我们回去，不管我们长多大，在她跟前我们永远都是孩子，每次回去，妈妈恨不能把所有好吃的都做好了，看着你吃看着你喝，会捏着你的厚实的肩膀说太瘦了，看着你圆滚滚的脸蛋说下巴都尖了。我与米丹相视大笑，原来，天下的妈妈都是一样的。

不一会儿，一股子异香就弥散在整个小房间，米丹打开锅盖儿，趁汤汁快干时撒上青蒜段，淀粉倒在小碗里用水调稀，然后勾个薄芡，再淋上一调羹熟猪油。

"好了，起锅，开吃！"米丹递到我手里一双筷子，半眯着眼睛看着我，还不忘在盘子边上摆上一朵用胡萝卜刻好的花儿。米丹用筷子轻轻一戳，油亮亮的鱼肉便跟鱼骨分离开来，吃到口中，不但一点点臭味都没有，而且全是鱼肉的酥香，来一勺汤汁，拌在米饭里竟然也美味异常。

自此，我开始对臭鳜鱼不离不弃，米丹也成为了一个快乐的小厨娘，她说："陌儿，我这个人胸无大志，就是想能有一个人喜欢吃她做的菜，能陪着她看一辈子夕阳落日。"说这句话的时候，她那双弯弯的笑眼里满满都是对生活的向往和憧憬。

　　那年，我把米丹送上火车的时候，她握着我的手说："你一定要来黄山看我，我带你去吃最地道的臭鳜鱼。"然而我想告诉她：亲爱的米丹，你做的才是最正宗的臭鳜鱼。

糖醋黄河鲤

《济南府志》中早有记载："黄河之鲤，南阳之蟹，且入食谱。"

逢年过节，婚嫁迎娶，这大席上都少不了一道菜，那就是糖醋黄河鲤。这道菜若是换成平常的鲤鱼，味儿就先淡了三分，所以，作为济南人，我还是很自豪的。在外地吃饭，只要桌上有糖醋鱼，我都会说："此味欠佳，若是换成一尾赤尾金鳞的黄河鲤，那味道才正宗呢。"

济南北临黄河，水深草密，其中盛产的鲤鱼头尾金红，鳞亮耀目，肉质鲜嫩肥美，是宴会上的待客佳品，当年济南的老字号汇泉楼就是因为这道菜名声大振。在《济南府志》中早有记载："黄河之鲤，南阳之蟹，且入食谱。""糖醋黄河鲤"最早是从洛口镇传过来的，当地的厨师喜欢用鲜活的鲤鱼制作这道美味，然后经过人们的口口相传传到了济南，经过汇泉楼名厨的烹制，这道菜一举成名，从此，济南的糖醋黄河鲤就成了鲁菜中的金牌菜肴。

小时候，我的爷爷做过厨师，颇能拿得出手几道菜，所以镇子上有什么贵客临门、结亲嫁娶的时候，爷爷就会被主家提前几日恭恭敬敬地请到大席上商量菜式。大红的菜单妥帖地摆在眼前，管事的用毛笔写出一行行清雅整齐的字，特别是红烧肘子、清炖鸡，外加这道糖醋黄河鲤，算是大席上撑门面的大菜，这是绝对马虎不得的。

这边门上挂了红灯笼，那边买菜的就歪歪扭扭地骑着自行车带着满满一篓菜回来，车把上挂着的大鲤鱼还在不停地摆尾巴。

洗菜、切菜、收拾鱼这些事，爷爷是不伸手的，他在一边喝着茶，看着帮厨的人忙活得不亦乐乎。我屁颠屁颠地跟在收拾大鲤鱼的二柱子叔背后，看着他把一尾一尾金晃晃的大鲤鱼刮鳞剖腹，洗净后摔进大木盆里，那尾巴还敲得木盆砰砰直响。

爷爷挽起雪白的袖口，一把沉甸甸的菜刀拿在手中轻若无物，左手轻轻一顺鱼身，右手手腕一抖，啪啪几下，鱼身上便是整整齐齐的牡丹花刀，左手抓住鱼鳃猛地一翻，硕大的鲤鱼便翻了个儿，同样的花刀再来一遍，做出的花样特别好看。每个打好的花刀上要塞上一片焦黄的姜片，摆在盘子里，里里外外抹上一层细细的盐粒儿，接着用料酒均匀地喷洒一遍，撒上切好的大葱段，静置在一旁一盏茶的工夫。在盆子边沿磕上两颗鸡蛋，加入一勺面粉搅匀，这就是一会儿炸鱼的糊。在大锅里倒上油，油六成热时便开始炸鱼，为什么是六成热呢，太热会导致鱼皮发焦而鱼肉不熟，所以这一步是关键，关系到味道口感，也关系到鲤鱼最后的成形与摆盘。鱼挂糊入锅，这时候要倒提着鱼尾巴，一勺一勺地往鱼身上浇油，不疾不徐，缓缓不断，一直到外壳坚硬定型之后方可入锅，用笊篱轻轻推动鱼身，切不可着急。一直到九成熟，便捞出来，这时候的大鲤鱼，两头翘起，色泽金黄，直若要飞起来一般。稍后，再入锅复炸一遍，这次需要的时间短，鱼身炸至呈现鲜艳的金红色便可捞出装盘。

糖醋汁是这道糖醋鱼的关键，也是最能看出师傅手艺的，熬得好的糖醋汁色泽明亮，酸甜适度，浇在炸好的黄河鲤鱼上只会增其香，绝不会夺其色。热锅凉油，葱姜末爆香，一勺酱油，一勺香醋，加上一小把上等的冰糖，外加薄薄的淀粉水，将其不停地搅拌，直到做成半透明状的嫣红的芡汁儿，再起锅撒上一把切成米粒大小的蒜末，将做好的芡汁儿趁热浇在摆好盘的大鲤鱼上，味道顿时扑鼻而来，满院子都是糖醋鱼的香味。爷爷用手捏起半个水萝卜，手起刀落，一朵牡丹花儿鲜活地摆在鱼头边上，还不忘点缀上几片香菜叶。

糖醋黄河鲤一上桌，便惊艳了满院子的宾朋，鱼跃龙门喜气满怀，人们一边笑着大快朵颐，一边不停地夸赞厨师的手艺。这时候我无比骄傲，手中持着金黄酥脆的鱼尾巴，还不忘掰一块馒头放在盘子里，蘸了汤汁再用筷子戳起，去后面的厨房找爷爷。

　　时至今日，这道糖醋黄河鲤成了很多酒楼饭馆里的家常菜，只是现在的厨师常常会用到番茄酱之类的调料，色泽越发的好看，味道却不是很招人欢喜。不过每次我在外地吃饭，看到各色的烧鱼，我都会自豪地说出那句——我们济南的糖醋黄河鲤，才算得上不辜负了上天赐予的美味哟。

五香烤傣鲤

这道五香烤傣鲤，就如同佳肴美味中的小李飞刀，在我们这群食客们还未从美食中回过神来的时候，就已经进了我们腹中，待我们回过神来只留下两个字，好吃！

我曾听说过这样一个笑话：一行人要去云南旅游，其中一人认真地对领队说："我恐高，我一定要住一楼。"领队笑着说："好，去了你可绝对不能反悔的哦。"到了云南之后，这人后悔得无以言表，因为傣族的竹楼一层是不住人的，而是养着家禽牲畜，二楼才能住人。这个笑话讲了好多年，一直到我们真正坐在了竹楼上的时候，拿出来讲，大家还是会笑得合不拢嘴。

季节，在云南仿佛没有明显的界限，这里一年四季都是穿着漂亮筒裙的姑娘，开着艳丽花朵的寨子，掩映在翠竹间明丽的竹楼，所以，任你一年十二个月，随便挑哪一月都是去云南观光的好日子。

我们来到德宏的时候，正好是景颇族人的目瑙纵歌节，满眼都是鲜艳的色彩，满耳都是优美的歌声，但是最吸引我的还是颇具特色的美食，同行的朋友总是取笑我，说"民以食为天"这句话之于我来说就是天下第一等的真理。吃了清香软糯的香竹糯米饭，脆脆的炒蜂蛹，酸甜适口的菠萝饭，我们却依然被这道五香烤傣鲤吸引住。其实这道菜用料极其简单，做工也不复杂，就是一个"鲜"字便让你的味蕾在瞬间苏醒振奋，不由自主地让人朝着一条条金黄的烤鱼大快朵颐，颇有奋不顾身的劲头儿。

我们在竹楼上盘膝而坐，面前是一圆形的小桌子，不远处是一个煮茶的小火塘，地上的竹席是用竹篾条儿编成的，面前的桌子也是用竹子编成的，竹子青翠的颜色让人看后神清气爽。烤傣鲤用的是当地山溪中盛产的傣鲤，形体小巧，巴掌大，体形大小跟我们北方黄河里的金鳞赤尾的大鲤鱼是没法比的。制作过程是将傣鲤剖肚去了五脏，就在山溪里清洗得干干净净，然后在温盐水里浸泡片刻，把鱼肚子撑开，依照顺序塞进葱花、姜丝、辣椒面、野花椒面、野芫荽末，这些食材都带有一个"野"字，当地人说这是大自然赐给傣族人的神仙草，不但味道鲜美，还可以缓解湿热气候带来的身体不适。把这些佐料塞进去之后，合拢鱼肚，用两片竹块夹住鱼儿，放在火炭上慢慢烘烤，这一步一定得沉得住气，俗话说得好，心急吃不了热豆腐，这心急也吃不上烤傣鲤。

烘烤的时候，烤鱼的大叔缓缓翻动鱼身，在保持其受热均匀的同时，还得保持鱼身的完整。不一会儿，银色的鱼儿就变成了诱人的金黄色。烤鱼的大叔在我们不停地催问"熟了没有"的鼓噪中，慢条斯理地用小勺子从旁边的碗里舀起熬好的猪油，缓缓淋在鱼身上，这边淋一遍，翻过来再淋一遍，那香味儿浓郁得要把我们的魂儿勾了去。

烤鱼的大叔将鱼做好后摆在我们面前，焦黄的皮儿酥酥脆脆，白嫩的肉鲜香宜人，一口吃下去，麻辣、清香、酥脆、嫩滑，简直不知道使用哪一个词能来形容这个味儿，最后这所有的感觉都在大口吃鱼小口喝茶的瞬间汇成了两个字：好吃！此刻，或许只有这两个字才能形容这道菜的味道，如同小李飞刀的飞刀，无人说得清什么招式，无人看得见如何出刀，但是伤人毋庸置疑。这道五香烤傣鲤，就如同佳肴美味中的小李飞刀，在我们这群食客们还未从美食中回过神来的时候，就已经进了我们腹中，待我们回过神来只留下两个字，好吃！

大理砂锅鱼

　　砂锅鱼，采用砂锅炖制，保温效果好，上桌后鲜汤翻滚，香气弥漫，真能把三月街上的热闹与绚丽都带上了筵席哟。

　　"苍山雪，洱海月，蝴蝶泉边好梳妆"，这些小时候听来的美景在春日里召唤着我，我决定索性把手头的工作放一放，休假与好友来了一次说走就走的旅行，目的地就是大理。

　　春日的大理是热闹的，游人络绎不绝，春花宜人。好友是小吃货一枚，不管到了什么地方，先对着一张详细的地图把特色小吃一一找出来，记录在册，然后开始一一品尝，吃得不亦乐乎。我倒是随性得很，走一路，看一路，大理的风花雪月在静谧中悠远，美得不经意却那么惹人怜爱。

　　说到大理的美食，不得不说大理的砂锅鱼，汤清，鱼鲜，配料足，价格也亲民，在大理吃了多次砂锅鱼，要说味道最纯正，首屈一指的是下关的店。好友夸赞大理下关的鲤鱼比山东的鲤鱼更细嫩，味儿清却绝对不寡淡，特别是里面搭配的玉兰片、冬菇、火腿、嫩豆腐、海参段、嫩鸡片，简直就是一道满汉全席的浓缩版。

　　大理的砂锅鱼选用的都是从洱海中新打上来的弓鱼、黄鱼或者是鲤鱼，将其养在透明的玻璃缸里。顾客看中哪一条，店家就用特制的网捞上来，片刻工夫，去鳃、刮鳞、剖内脏，不一会儿，一锅秀色可餐的砂锅鱼就摆在了顾客的眼前。砂锅鱼就是吃个热乎劲儿，眼看着粉嫩的鱼肉变成乳白色，汤汁的味道也逐渐醇厚起来，锅里开始泛出浓郁的香味儿，闻着鲜美的鱼香味儿，笑呵呵的老板娘给我们讲了砂锅鱼的来历。当年大理城里有一家很出名的酒楼，名为"山海酒家"，酒楼里有个叫张小三的穷堂倌，常年在这家店里当跑堂，店里的老板心性脾气都很好，常常会让他把客人吃剩下的菜肴打包装进砂锅里带回去给一家人充饥果腹。这日，店里一富商大宴宾朋，之后剩下少许蹄筋、鸡片、玉兰片、海参、冬菇之类的，张小三在酒店打烊之后把剩下的菜肴都倒进一只砂锅里带回了家。正好当天家里人从洱海打上了几条鱼，有弓鱼，也有黄鱼，还有不大的小鲤鱼，大家索性把鱼儿都剖洗干净，与带回来的剩菜一起上锅炖了起来。不一会儿，浓郁的香味就勾起了大家的食欲。大家把鱼从锅中取出一尝，那味道简直就是前所未有，全家人吃得不亦乐乎。不久之后，张小三就独创了这道砂锅鱼，一问世就得到了四周来往商贾的赞赏，砂锅鱼名声大噪，成为白族人特有的一道美味佳肴，来大理的人，若是没吃上一道砂锅鱼，那简直就是白来了一趟。

直到现在，大理城里处处都可见到砂锅鱼的影子，但是要说味道正宗的，也不过是上关、下关、洱海边的几家店。经过后来人的改进，汤底的选材更是要求新鲜，不再是杂鱼下锅，而是选择肉质最为细嫩的弓鱼或者是洱海里的小鲤鱼，熬出的汤底清澈细腻。配料更是讲究，冬菇的醇厚，玉兰片的清香，鸡片的鲜嫩，海参的浓郁，蹄筋的筋道，菜心的清爽，味道在这一个锅里互相渗透，最终成为这道让人念念不忘的美味儿，而且价格也实惠。我跟好友两人一边听着老板娘有趣儿的故事，一边吃得津津有味。饱满多汁的蛋饺、清爽的菜心是我的最爱，爽滑的鱼肉、筋道的蹄筋、鲜嫩的鸡片是好友的心头肉，再来一杯店里的梅子酒，只吃得肚儿圆、醺醺然，我们才恋恋不舍地走出来。

临出门，好友问老板娘："为什么必须用砂锅呢，难不成我们还要背着一口砂锅回去不成？"老板娘笑着说："砂锅的保温效果好，上桌后鲜汤翻滚，香气弥漫，真能把三月街上的热闹与绚丽都带上了筵席哟。"

回来的时候，好友还真背着一口砂锅回来，也吃过几次，但没有洱海的鱼儿做主料，终究味道欠了那么几分。

宁波醉泥螺

　　或许，醉泥螺的做法是一场无心的尝试，鲜味被酒气和咸味封住了，与时光一起沉淀下来，待细细地咀嚼才能从唇齿间流淌出最初的醇美味道吧。

　　宁波醉泥螺，喜欢的人三日不食就甚是想念，若是不爱那个生鲜味儿，就会避之三尺。当年宿舍的宁波妹儿青柠就好这一口，每年的春秋两季，她都会从家里把它背回来，然后喝粥的时候，翘着兰花指拈起一枚，嘴唇噘成小小的，微闭着眼，轻轻一吸就到了口中。青柠陶醉其中的表情，总是让我忍不住想起春天的桃花开。据说泥螺可以按照时令分为桃花泥螺和桂花泥螺，三月桃花泥螺细嫩，盛夏的桂花泥螺肥厚。青柠说她们那边都是用初春三月之后、清明之前的泥螺，这时候的泥螺初长成，鲜嫩，无泥沙，极其适合做醉泥螺。

　　清明前后，滩涂上就开始有赶海的女孩儿们，她们腰间挂着竹篓开始拣泥螺，这时候的泥螺饱满鲜嫩，形似硕大的蚕豆，壳呈现出半透明状，一眼看去，淡青色的嫩肉搁在手掌心里都不敢用力，仿佛一用力就会化成春水似的。在海边的人的口中，泥螺还可以称为"吐铁"，泥螺的俗名为泥狮，岁时衔以沙，沙黑似铁，至桃花时铁始吐尽。不过当年享誉宁波的"王堃记"醉泥螺据说是选用立夏的泥螺，还必然得选用昆亭上的泥螺，肉质饱满，大小匀称，一两不多不少十二粒，少一粒多一粒都不成。醉泥螺在宁波当地只是一道小吃，上不得席面，唯独"王堃记"的醉泥螺可用精致的金边白瓷

"莲子茶盅"在筵席的对角分装两碟，观之犹如琥珀色，大小匀称，黄黑透亮，浸润在浅淡棕黄色汤汁里的泥螺，散发着诱人的香味，为酒筵增色，也是一道酒后下饭的佳肴。但是老掌柜并没有将做醉泥螺的手艺流传下来，所以在二十世纪五十年代老掌柜去世之后，"王荃记"醉泥螺的鲜美就只能留在老宁波人的记忆之中了，现在常吃到的是伍佑醉螺，味道也是不错的。

青柠的母亲就是做醉泥螺的好手，在享用美味的时候，她把醉泥螺的做法如数家珍一般讲给了我们这些北方的姑娘们。肥美的泥螺拣回来后，第一步关键是引螺"吐舌"，做好的醉泥螺是否脆嫩有嚼头全在这一关。泥螺喜"鲜"，以鲜汤淡之必吐舌，但吐舌若是过快过猛，就会与壳一起断裂或耷拉出来，做好的泥螺就没有那样齐整好看了。若是过慢，则要成"僵泥螺"。在宁波民间，制作醉泥螺用的鲜汤多是以自制咸菜卤汁为引头汤，将泥螺倒在一只只木盆里，按照比例加入适量卤汁汤，用手不断地翻淘，待泥螺吐尽了泥沙，摊放在筛子上，用清水冲洗，稍稍干燥后，再次放入桶中，加入盐卤腌制，这时候上面要放置一块竹帘子，压上一块颇有分量的石头，防止泥螺上浮。半个月之后，将放入秘制的醉汁料酒的泥螺密封在罐子里。这样做出的醉泥螺鲜香扑鼻，螺壳不发白，且久藏不坏不失味。哪怕过了一两年，依然是粒粒饱满，色泽光亮，口味鲜爽。

记得第一次看见青柠吃泥螺的时候，我们都是不敢相信的，这种闻上去有种怪异鲜香的泥螺竟然是可以生吃的。看着她用调羹从小小的罐子里掏出一粒一粒鲜亮的泥螺，将其摆放在雪白的米饭或者是黏稠的米粥上，竟然有了一种特殊的美，有了一种回归旧日的岁月静好的味道。

以前我尝过几粒，却也是吃不惯这个味道，但是偶尔吃一次加了葱花爆炒的泥螺，味道倒是不错呢。或许，醉泥螺的做法是一场无心的尝试，鲜味被酒气和咸味封住了，与时光一起沉淀下来，待细细地咀嚼才能从唇齿间流淌出最初的醇美味道吧。

赣南小炒鱼

> 一方水土养一方人，这加了老陈醋的小炒鱼，我也是吃得不亦乐乎，因为里面有爱的味道。

说到赣南小炒鱼，不得不提一个人，那就是王阳明，从未想到过这位集宋明心学之大成者竟然也是位美食家，不然为何在身边带一位技艺高超的厨子呢。王大儒虽不及东坡先生对美食的专注如一，但是也算得是能在寻常味儿里吃出一份不同寻常的格调来。比如这道赣南小炒鱼，名字虽市侩俗气，但是色香味契合得恰到好处。

这道菜虽然名字叫作小炒鱼，但是做法却绝对不粗陋，而是相当细致的，小炒鱼与当地的鱼饼、鱼饺合称"赣州三鱼"。据说，当年王阳明在赣州任巡抚，聘用当时的赣州名厨凌厨子为自己做菜肴。凌厨子从王大人身边人的口中得知大人喜爱吃鱼，他便常常变换鱼的做法和口味，显示自己高超的厨艺。某日，凌厨子收拾草鱼一尾，刮鳞去腮，将鱼头、鱼骨斩成三寸长、两寸宽的块，无骨鱼肉斩成四寸长、三寸宽、一寸厚的鱼段，撒上雪白的盐，再来几勺酱油，腌渍半日，倒入木薯粉拌匀（这与我们平日吃的炸鱼是不一样的，据说少了木薯粉味道就会大打折扣，所以延续至今，正宗的小炒鱼依然不用淀粉挂糊）。鱼头、鱼骨、鱼块入油锅炸成金黄色后捞出沥油，锅里留底油，加入葱、姜、酱油、小酒（赣州习惯称醋为小酒）、辣椒爆香，再倒入炸好的鱼块，淋入味精、米酒、适量的水。等热气冒上来，鲜香味儿就出来了，再来一勺子米醋与淀粉勾好的芡汁，麻利地淋入锅中，来回推动几下，这时候是绝对不能搅动的，保持鱼肉的完整也是必不可少的。最后，将做好的鱼装入早就摆好鱼头和鱼尾的盘子里，点缀青瓜片或者是香菜叶儿，这一道菜才算是大功告成，吃得王大人眉开眼笑，直问此菜何名。凌厨子灵机一动，心想这是小酒（醋）炒鱼，何不称其为小炒鱼呢？于是随口应道："小炒鱼。"这菜也就因此得名，自此成为赣南名菜。暂且不说事情是真是假，虽已时隔百年，我都能想象得出这样一道酸甜适口、酥而不烂的小炒鱼，王大儒定然会吃得眉开眼笑，连连称赞。

在这道菜中，醋是不可少的，据说南方人喜爱米醋，特别是客家人自己酿制的米醋，赣南人称为小酒、酸酒。据说米醋是做米酒之后，取一部分继续发酵而成，不过对于我们北方人来说，还是陈醋的味儿更为醇厚。

我家楼下不远处就有一家专门做鱼的馆子，据说味道很不错，松鼠鱼、桂花鱼都能做，赣南三鱼都能吃得到。一次我接待几个南方的朋友，就专门去了这家馆子，点了赣南三鱼，宾客吃得不亦乐乎，鱼饼、鱼饺味道自然是不必说的，对这道小炒鱼由衷称赞，说吃出了家乡的味儿，尤其是其中的醋，那是地道的赣南小酒。听到夸赞的话，老板拍掌笑着走出来，说这次是遇见了故乡人，老板请出了掌勺的大师傅来相见，大师傅是正宗的客家人，攥着朋友的手说："能说出赣南小酒四个字的人，这道小炒鱼才算是吃出了本来的味儿。"

老爸是个很喜欢在厨房里烹炸煎炒的老头儿，听我念叨了几次小炒鱼，竟然自己琢磨着也能做出个八九不离十，但是老爸喜欢的还是用北方的老陈醋，说味道醇厚，跟那老白干一样，我想这才是北方人喜欢的调调。

一方水土养一方人，这加了老陈醋的小炒鱼，我也是吃得不亦乐乎。

撩人情思西施舌

更有诸城来美味，西施舌进玉盘中。

——郑板桥《潍县竹枝词》

记得在一篇文章中，我看到沈从文先生吃茨菇炒肉，也能说出"这个好，比土豆"'格高'"的话来。后来细细思量，这个"格"字用得真是妙，吃，在这个时候不单单是果腹，竟然还带出一份雅致来了。

西施舌，便是一道很有"格"的菜。美食不但要色香味俱全，还要有个故事与之相配，西施舌确实和四大美女有着千丝万缕的因缘。

西施是中国古代四大美女之一，身姿袅娜，其美貌名扬天下。相传，西施被越王勾践派往吴国，魅惑吴王夫差。功成之后，西施与范蠡在逃生路上失散，西施知道自己孤身一人易招致不幸，便咬断丁香舌啐于河中，舌头恰巧落在一只正大张开着壳的河蚌中，具有仙胎的美人之舌竟然在蚌体内存活，并由河中进入大海，成为今天的西施舌。当年西施随范蠡乘扁舟一路，在云影波光处留下了香痕缕缕。浣沙人去舌犹在，故事本身尽管有些凄美，但后人能享受到美味，西施也算得到慰藉了。

一次偶然，我与常住福建海边的朋友说起西施舌来，朋友说这是海里的一种贝类，形状小巧，色呈粉红，清秀的花纹，让人喜不自胜。最妙的是其中的贝肉，莹白润泽，细嫩爽滑，用来炖汤或者是炒来吃都是极其美味的。看着友人满口的赞赏，我们这些深居内陆的人只有艳羡的份儿了，仿佛我们没吃过这道西施舌，这一辈子就生得甚是乏味了。

有一年，在暑假闲来无事，我带了家里的小孩儿投奔定居在福州的闺蜜，有幸吃了西施舌，一道菜做出了数种味道，吃得小孩子乐不思蜀。其中一道清汤寡水的菠菜心西施舌才是最地道的吃法，这道菜看似平实，实则纯正。取青嫩的菠菜心数朵用滚水烫了，捞出来搁在汤碗里放置一边，将新鲜带壳的西施舌用开水氽过，取出其中的蛤肉，除去内脏洗净置入汤碗中；锅里是早就熬好的鸡汤，滤去渣滓油脂，只留清汤，加入少许精盐和麻油调味，放入西施舌，开锅后撒上韭黄和香菜末，起锅倒入汤碗中即可。一眼看去，汤清见底，菜叶碧绿，雪白的玉舌摇动，简直就是一汪碧青的湖水倒映眼底，秀色可餐。取了调羹盛出一盅，一口下去，清润鲜香，直入肺腑，没有平日吃的鱼肉丰腴，但是却独有一种细嫩、脆爽，咬在唇齿间，竟然清脆有声。

回家之后，我收拾行李，在孩子的小书包里找到几枚西施舌的贝壳，小巧秀气的扇形，样子十分可爱。我在找出来的一张白纸上用贝壳摆出一朵俏丽丽的梅花朵儿，如获至宝一般的喜欢，我给它装了个小框摆在平时看书写字的书桌上，没事的时候看看，仿佛能听见隐隐传来的海潮声。

后来，我在我们这边的一家很出名的海鲜楼吃了一道爆炒西施舌，味道浓郁，还加了冬菇、芥菜梗，味道虽醇厚，但是却没了那股子自带的清爽。还吃过一道叫做西施舌的点心，形如舌状，色泽光亮，味道也不过尔尔，只是占了西施这个美丽的名字的光吧。

广西炒螺蛳

在广西，吃田螺犹如磕瓜子，是需要讲究一个吃法和意境的。

我不知道还有哪里人比广西人更爱吃螺蛳，螺蛳粉、螺蛳酿、螺蛳煲鸭脚，这些美食都与螺蛳有着千丝万缕的关系，甚至将之发展成了一种旗帜鲜明的美食文化。

在南宁的日子，最喜欢的事情就是挑个清闲的晚上，找个热热闹闹的小摊儿一坐，和几个聊得来的朋友，来上一盆子辣椒爆炒螺蛳，一扎啤酒，日子那叫一个美呀。不说别的，单单是那一吸一吮，鲜嫩爽滑的肉就到了口中，伴随着一声声脆响，螺蛳壳就在面前堆成了小山。南宁人对吃螺蛳有个独特的叫法，不叫吸吮，而称为"唆"，这个词极具动感，仿佛还带着声音，我就是对唆螺蛳极其着迷的外地人之一，但是一直到离开也没学会这个技术活儿，不过也不怕，一根牙签也能被我用得横挑竖戳，堪比最灵巧的江湖武器。

炒螺蛳，南宁人多以本地邕江石螺为主，石螺栖息在水质清净的邕江两岸的石壁或石缝，以取水中微生物为食，其中尤以南宁邕江上游扬美镇所产的深水石螺肉质最佳。不过现在大街小巷里炒田螺多用水田里丰硕的田螺，个头儿也略大些许，据当地的老南宁人说，田螺炒来吃总觉得多了一丝丝隐隐约约的土腥味儿，远远不如石螺来得清爽，但是胜在数量多，水田里、塘坝里都能见到田螺的影子。

大清早，十几岁的小姑娘们就挎着小篮子去田里拾捡田螺，不一会儿就能带回一筐子给爱喝酒的爹当下酒菜了。刚刚带回来的新鲜的螺蛳是不能直接炒的，要养在清水里吐泥。如何让螺蛳吐尽肚子里的污泥呢？在民间有这样的说法，把炒菜的锅铲和菜刀插在装满螺蛳的清水盆里，一夜之后，就会发现上面爬满了螺，水盆底下是一层厚厚的泥巴，有的母螺还会产下一捧米粒儿大小的螺仔，如此反复几次，螺蛳肚腹中的污泥就被吐得干干净净。但是这时候还不能下锅，一定要先把螺蛳尾巴尖剁掉，前后贯通后，将美味轻一唆后就到了口中。

炒螺蛳的小摊儿都不大，两三张小桌子，一个煤气灶，桌面摆着葱段、姜片和各种酱油、味精等调料盒子，等天色暗下来就可以开张了。路灯初上，夏日的余晖散尽，三三两两赤膊的人就在街口路边，来一杯凉丝丝的扎啤，一碟子花生米，然后大声喊一嗓子："炒螺蛳来一大份，辣椒要够味儿。""好呢，稍等，爆炒螺儿马上就来"——老板娘的声音方落下，这边热腾腾的油锅就开始响，将葱白、姜片下锅爆炒出香味儿，只听得呼啦一声脆响，那就是螺蛳下锅了，大火翻炒，通红的辣椒来一把，紫苏叶子抓几片，来一勺酱油，半勺大酱，再加上点儿独家配方的调料，这香味儿啊，就顺着街筒子向四外扩散，这味儿是醇厚的，也是泼辣的，如同山野的风，吹得人只想大声地喊，高声地唱。

不一会儿，老板娘将满满一碟子堆成小山一样的螺蛳端上了桌，在明亮的灯光下，只见一大碟乌黑油亮的螺蛳，早已令人垂涎欲滴，未食香味儿已夺人。吃田螺犹如磕瓜子，也是要讲究一个吃法和意境的。将筷子放置一边，用手指捏住一粒，这时候是不能太斯文的，先把田螺壳的一层浓稠的汁水舔掉，再用舌头配合牙齿卸掉田螺口的小盖儿，然后唆地一声吸出螺肉，咬断后只吃前半截，这一口，你能感觉到螺肉的嫩香爽滑，佐料的香，肉质的嫩，脆爽略弹，不禁赞叹这真就是肉中极品了。不过这得是级别较高的老饕们的吃法，对于我这样的外地人来说，是学不到这半辈子吃法的精髓，故而久吸不出。没关系，我们还可以用牙签，灵活得很，同时还可以示矜持。不过，炒田螺这玩意儿需得慢慢地品味，还需伴着大杯的冰啤，凉凉地喝上一大口，那滋味怎一个爽字了得！

小时候听家里老人讲故事，说岳飞父子在风波亭被杀，棺木就曾被狱卒隗顺冒着生命危险埋葬在钱塘门外九曲丛祠的螺蛳壳堆里。那时的我不懂精忠报国，但是却记住了堆成山一样的螺蛳壳，看来，食螺蛳倒是自古就有的了。

端午前后，炒螺蛳就开始陆续出现在大街小巷，那浓郁的香辣味儿，让疲倦的日子多了几分期待。

四川酸菜鱼

其实，我们明白，我在山东，你在四川，这一辈子还能在一起吃几顿酸菜鱼？这一刻，我心里竟然有几分物是人非，流年易逝的伤感。

"正宗的酸菜鱼是看不到油花儿的，汤底堪比熬鱼汤的汤汁浓厚，但是酸酸辣辣的味道却绝对比鱼汤过瘾得多，你看你们这边的酸菜鱼，都是一盆子油。"说这话的时候，川妹子方大庆一边往嘴里塞鱼片，一边无比嫌弃地用勺子搅和着面前这一大盆子酸菜鱼的汤。我不好意思地瞟了一眼，确实，飘着厚厚一层油花儿。

其实吃川菜，还是讲究原汁原味，最好能到原地，若是不能去原地呢，最好能有土生土长的四川妹来做川菜，那才叫一个纯正，一个够味儿。方大庆爱吃川菜，这是家族遗传，在她的口中，她父母就是川菜大厨里的佼佼者，无辣不欢，无肉不欢，家里的泡菜坛子更是一年到头不得闲。

有时候我们不得不承认，做饭也需要天分，而方大庆绝对是做饭天分很高的一类人，就在校园外面巴掌大小的川菜馆，她给我们宿舍的四人帮做出了正宗够味的酸菜鱼，连老板都吃得追着方大庆一连声地叫师傅。当然，也绝对得益于酸菜鱼里的酸菜和泡椒，这都是方大庆的爸妈从千里迢迢的四川给快递来的，味道很正宗。

餐馆里的草鱼都鲜活地养在大水缸里，操起网子捞起一条就三斤多重，开膛破肚是菜馆老板的事情，方大庆麻利地穿着印着酸菜鱼的橘粉色小围裙笑眯眯地背着手站在远地看着，嘴里还念叨着说："我不杀生不杀生。"

菜馆老板将鱼刮鳞、去鳃、剔骨、切段儿，然后慢慢地切成薄薄的带着鱼皮的片儿，码在盘子里，这是个技术活，没有几年的刀工是做不到的，当然，这个也是方大庆同学绝对不会动手的。不得不说餐馆老板刀工精湛，技高一筹，那鱼皮片得不大不小不厚不薄正好，码在盘子里都像盛开的粉色的牡丹花儿。酱汁用淀粉、蛋清、料酒调匀，浇在鱼片儿上，抓一抓，将调好的料汁均匀地抹在鱼片儿上，放在一边腌制；鱼排切成块儿，大小一致，清洗干净，也摆在一旁备用。

剩下的活儿就要方大庆上场了，只见她手起刀落，一阵急雨般的脆响，泡椒被切成小段，酸菜也被切成段，整齐一致，赏心悦目，葱花、姜末、蒜片分门别类地放在白瓷盘子里，原来这姑娘是深藏不露，刀工也是响当当的，在我们的艳羡声里，她开始点火做酸菜鱼了。

热锅凉油，待油温适宜后将葱花、姜末、蒜片、泡椒下锅，炒香后再放入切好的酸菜爆炒，一阵酸爽浓郁的香味扑面而来。加入适量开水，这时候是绝对不能用凉水的，不然出来的鱼汤没有鲜味儿，还会有股土腥味儿，水量也是一次加足，中间不可再添。水开后放入鱼排炖煮十分钟，鱼排变成了诱人的乳白色，而汤汁呈现淡绿色，香味儿都从鱼排中熬煮出来，这时候可以取一大碗，把酸菜与鱼排取出大部分，其实若是锅子够大也可以省略这一步。

接下来就是顺着锅边滑入鱼片，这一步要轻快麻利，不然热汤溅到手上会起燎泡。大庆认真地对我们说："这可都是血的教训，不过为了吃上爽口的酸菜鱼，一切都不是事。"待鱼片变色，大庆用筷子轻轻划开，加入精盐、鸡精、糖、胡椒粉调味。取方才盛放酸菜和鱼排的碗，把鱼片倒进去，迅速另起一锅，熬出半勺子花椒油趁热浇入碗里，点缀上一撮香菜末。

大庆将酸菜鱼端上桌来，我们不由得大吃一惊，好正宗的酸菜鱼，鱼片雪白，酸菜暗绿，汤色莹白，还有翠绿的香菜末儿点缀着，叫人食欲大开。确实，鱼汤是不腻的，看上去白净清澈的，但味道绝对酸爽，鱼肉很嫩，入口即化，鱼排虽然肉不多，但是吸吸吮吮却别有一番滋味在心头。

这一顿饭吃得川菜馆的老板一直乐呵呵地说："终于吃到正宗的酸菜

鱼了，以前吃的就是大白菜炖草鱼，那超市里袋装的酸菜，味道真的相差甚远。"

方大庆毕业之后，回到了四川，常常会给我寄来自家腌制的泡椒酸菜，只是我总也做不出那个味儿，只好急切地对着电话说："方大庆，你等着，我拖家带口去看你，吃正宗的酸菜鱼。"然后电话那边的大庆不屑一顾地说："长点出息吧，这道菜隔了那么多年还惦记着呢。"其实，我们明白，我在山东，你在四川，这一辈子还能在一起吃几顿酸菜鱼？这一刻，我心里竟然有几分物是人非，流年易逝的伤感。

第五章

一盅汤水度春秋——10道美颜养心靓汤

味要浓厚，不可油腻；

味要清鲜，不可淡薄。

此疑似之间，

差之毫厘，谬以千里。

—— 张志和《渔歌子》

江西清汤泡糕

伴着清茶一盏，仿佛听故事一般，竟然在这薄薄的桂花糕里咀嚼出一种独特的味道来，这样的生活，精致而优雅。

景德镇小吃中的清汤泡糕是江西美食中的极品，荤素兼具，咸甜适口，风味独特，所以来景德镇的人们，若是只游瓷、看瓷器，不去"金春馆"尝一尝这道清汤泡糕，也是一件憾事。

第一次吃清汤泡糕是在十年前，我们几个所谓的文化人因为一次笔会到了江西，东道主房哥不但带着我们游览了瓷都景德镇，还带我们走大街串小巷尝遍了江西的美食，尤其是这道清汤泡糕让我记忆犹新，不但味道鲜美，而且做法也是别具一格。

我们一行人起了个大早，去了一家老店，据说已经有二十多年的历史了。店不大，但是干净，老板一家三口承包揽了店里所有角色。不一会儿，老板用老式的托盘端上来四个白花蓝底的大碗，我们这几个北方人都愣了一愣，然后笑得抚掌掩口，清汤泡糕中的清汤与我们想象中的清汤是截然不同的，汤中并不是什么都没有，而是一个一个肉馅饱满的小馄饨，所以第一次面对这碗名叫清汤的馄饨，我们一直抱怨东道主房哥卖关子，不就是一碗馄饨嘛，还非要叫清汤不可？在我们北方，哪天早上不是来一套馄饨烧饼肉夹馍呢？

就在我们心里嘀咕的时候，店里穿着绣花衫的姑娘端上一碟子切成两寸大小的桂花糕，一阵甜香袭来，让人垂涎欲滴。我拿起一块桂花糕就咬了一大口，味道香甜可口，很是诱人，不禁在心里暗道：吃馄饨配桂花糕，这一甜一咸的搭配倒是不错的。房哥笑着拦住我们说："可不是这样吃的，这清汤泡糕要放在一起吃才有味呢。"说说边拿起一块桂花糕，顺着碗边儿轻轻滑入清汤之中，少顷，这清汤泡糕便可以享用。

桂花糕是刚出笼的，柔滑香甜，入口即化，再来一口热乎乎的清汤，顺喉而下，那种满足感只让人想大喊一声舒坦。清汤里的馄饨还有个好听的名字叫扁食，虽然南北方的馄饨在形状上差不多，但是南方的馄饨比我们北方的馄饨要秀气几分，薄薄的皮儿隐隐约约地透出里面的肉馅儿，看上去仿佛一个个透明的小水晶灯笼。这一顿饭吃下来，唇齿间依然残留着鲜嫩的肉香，糯米的清香，还夹杂着一点儿桂花糕的甜香，真是让人回味无穷。房哥还带我们去了后厨，看老板到底是如何做出这样一碗隐藏在尘世烟火中的美味。馄饨的做法并没有吸引我们，不过在馅料上是与我们北方的馄饨略有不同，关键还是桂花糕的做法，让我们这几个北方人看得着实过瘾。老板在蒸笼里铺好笼布，放置一方形的木框，开始铺上一层干糯米粉，再撒上一层白糖熟芝麻桂花卤子，再来一层糯米粉，上笼屉蒸一刻钟后，香气四溢的桂花糕就可以上桌了。只见老板操起一把锋利薄似柳叶的刀剜了几个刀花，然后将好造型的桂花糕摆在因日久而呈暗红色的案板上，上面还点缀着金黄色的桂花，看着就让人胃口大开。

桂花糕的味道甜而不腻，滑而不黏，大家连连称赞。三十多岁的老板娘给我们端上几杯用自家炒的茶泡制的茶水，笑着说，这道清汤泡糕可是当年乾隆爷金口御牙吃过的。乾隆皇帝微服私访经过景德镇，恰逢阴雨天，便在路边的店里歇息，店主便端上来一道清汤泡糕，把乾隆皇帝吃得大汗淋漓，肚腹舒畅，他一高兴便亲笔提了"金春"二字，自此变成了金春老店的招牌。时过境迁，"金春"老店已经不在了，但是这道清汤泡糕一直流传了下来，成为家喻户晓的美食。

伴着清茶一盏，仿佛听故事一般，竟然在这薄薄的桂花糕里咀嚼出一种独特的味道来，这样的生活精致而优雅。

单县羊汤

羊汤不光是一种保留了百年的美食，更是一种文化，在淳朴的
老百姓眼中，这种美食文化倒是更为纯正一些。

我自小不吃羊肉，总觉得有一股子膻味儿，所以一直理解不了家里大小
两个男人为什么对羊汤那样情有独钟。父子二人每周六早上都准时去门外的
单县羊汤店吃一个芝麻烧饼、一碗羊汤，还要再来一小碟子的白切羊头。儿
子拍着圆鼓鼓的小肚皮回来的时候，会给我带回来一个装好的烧饼，包装袋
上"单县羊汤"四个秀气的大字十分醒目。

高手在民间，地道的小吃一般不在装潢精美的星级酒店，卖羊汤的小店
一般都不大，两三张桌子就占满了店铺。特别是寒冬腊月的时候，借着昏黄
的灯光，在黎明的星光里，远远能够看见那口架在门口的冒着热气的大锅，
一种特殊的香味儿会弥漫在半个街筒子。卖羊汤的小店一般都是夫妻共同经
营的，还会配套着卖烧饼，分工也明确，丈夫熬羊汤切羊肉，妻子打烧饼。
羊汤价格不贵，仕农工商各色人等都能吃得起、吃得香。早上上工的商贩们
喝上一碗羊汤，吃上两块酥脆的烧饼，肚子里暖融融的，足以抵挡在街上摆
摊卖货的半日寒气。早起的孩子也喜欢来吃一碗，小店的老板将切好的羊
肉、羊肚、羊杂碎都煮在奶白色的汤里，小孩子吃完了烧饼外面沾了芝麻的
酥皮，再把烧饼瓤儿泡进羊汤里，软嫩鲜香，连汤带水地吃完后，心满意足
地背着小书包跑着去学校了。

门外的单县羊汤的小店就是夫妻店，夫妻二人都已人到中年，略显沧桑

的脸上总是充盈着笑意，带着生意人特有的圆润和通达。他们家做羊汤用的羊肉和羊杂都是从菏泽老家配送过来的，所以味道能多年如一日，回头客经常带来新客源，慢慢的，大家都知道了这家味道纯正的单县羊汤店。这家店的店面虽小，但是在做羊汤上绝不马虎，店里羊汤也是花样繁多，有健脑明目的天花汤，有补血强身的口条汤，肥中带瘦的肚丝汤，还有小孩儿最喜欢的奶渣汤。不过要说最受老百姓欢迎、陪伴最长久的还是这老少咸宜的羊肉汤，味道鲜美，价格适中，其他的偶尔尝尝鲜换换口味罢了。

说到正宗的单县羊汤，就不得不提三义春，土生土长的老单县人说起三义春的羊汤都是眼睛里放着光的，因为那是一段永远出现在人们回忆里的传奇。据单县志载："1809年初，单县人徐桂立、曹西胜、朱克勋三人开设'三义和汤馆'，后来三家分开。由于徐桂立制作精细，不断改进技术，在竞争中占了上风，远近驰名，被公认为单县羊肉汤的正宗。"但是徐家在做羊肉的积蓄了大量资本后又开始转营其他的生意，所以也就没能创下正式的品牌。一个世纪之后，1935年春天，单县羊肉汤的正宗传人周永歧、吕运法、窦保德共同出资，在单县刘隅开办"三义春羊肉汤馆"。时值春日，三人效仿"桃园三结义"，遂将羊肉汤馆取字号为"三义春"。为使字号更加响亮，他们专门请当时曾留学日本，在单县湖西一带颇有名气的文人陈布经先生在长三尺、宽六寸（意为"三人六六大顺"）的花梨木牌匾上题写了"三义春"三个隶书大字。其中周永歧是徐家的嫡传弟子，师承徐家羊肉汤第七代传人徐东秀。他13岁就学制羊肉汤，不仅得到了徐家的真传，还在后来的日子里不断革新，逐渐创出自己的独特风味，在食客中颇有口碑。尤其是他亲自秘制的调料，口味独特，汤汁色泽光亮，味道鲜美而营养丰富，在单县及周边地区家喻户晓。

听着老板说着羊汤的历史，我不由得肃然起敬，其实，羊汤不光是一种保留了百年的美食，更是一种文化，在淳朴的老百姓眼中，这种美食文化倒是更为纯正一些。

虽然时代在进步，但是羊汤的熬制方法却堪称传承古法，据说单县羊汤必须用三年龄的青山羊才成。在炉灶上架上一口大铁锅，将羊全身的骨架铺底，五十斤山泉水配三十斤羊肉羊杂，大火烧开后用特制的竹笊篱撇去浮沫后，再加冷水十斤，开锅后取三斤羊油覆盖在羊肉上面，然后将白芷、桂皮、草果、良姜、陈皮、杏仁等佐料下锅，再熬制一个小时才能开锅上桌。上桌必得拌着各种的调味料，香油、桂子、丁香面、香菜、蒜苗都是必不可少的呢。

每周六，父子二人雷打不动地会去单县羊汤店吃上一顿，儿子照例看着我说："可怜的妈，永远不知道那碗奶渣汤有多么的惹人爱呀，你只能吃个烧饼，听我将羊汤的味道一一道来了。"

其实，我也觉得不吃羊肉不喝羊汤，这日子过得有点可惜呢。

西湖莼菜汤

　　一锅滚开的汤顺着白生生的瓷碗边的折枝牡丹花儿倒下去，只见雪白、嫣红、翠绿瞬间就成了一幅夺目的工笔画。

　　西湖莼菜汤色彩鲜艳，汤纯味美，其中的莼菜翠绿，滑嫩清香。这一道西湖莼菜汤一上来，我们就被它惊艳到了，且不用说去品尝，光看就已经美不胜收了。

　　西湖莼菜汤是浙江菜中的极品，在明代《西湖游览志》就有记载，更有许许多多与之有关的故事传说，其中流传最广的就是清乾隆皇帝巡视江南，每到杭州都必以莼菜调羹进餐。烟花三月，正是江南好风景，乾隆皇帝一路上赏花赏月游江南，这道莼菜羹更是为这一路的美景增添了几分美味儿。

　　莼菜，最早的记载出自《诗经》："思乐泮水，薄采其茆。"陆机考证后说："茆与荇相似，江南人谓之莼菜。"莼菜是一种季节性的时鲜蔬菜，生在水边，所以一说起莼菜，我就忍不住想起那"关关雎鸠，在河之洲"的句子来，想来，那顺着水边采莼菜的女子，手中或许就拿着采摘回的莼菜。

　　第一次真正吃到莼菜汤还是陪从美国回来的朋友如一游西湖的时候。如一是生在美国的华人，父母都是国学文化底蕴深厚的学者，如一操着一口纯正的吴侬软语，用起成语来比我还溜，用她的话说，美国的空气再自由，也不是祖国，也不是血脉的源，她会回来，她的父母也会回来，因为，落叶总要归根。说实话，从20世纪80年代后侨居国外的孩子口中，听到"血脉"这个词，我是有些激动的。

　　陪如一走过白堤垂柳，看江南繁花，我们最惦记的，还是江南的美食。如一的母亲是地道的苏州人，会做一桌子精致的苏州点心，唯独这道莼菜汤，她说只有回到故乡，才能品尝到纯正鲜美的莼菜汤。莼菜不仅因味道清香而受大家偏爱，更是因为它带有一种地域性的情愫，或者说，是一种寻根溯源的缘由吧。据《世说新语·识鉴》记载："张季鹰辟齐王东曹掾，在洛，见秋风起，因思吴中莼菜羹、鲈鱼脍，曰：'人生贵得适意尔，何能羁宦数千里以要名爵！'遂命驾便归。俄而齐王败，时人皆谓为见机。"后人称思乡之情为"莼鲈之思"，由此可见莼菜之迷人。近年来，一些国外归来的侨胞、远离家乡的游子来到杭州，也常乐意点食这道名菜来寄托自己的情思。

　　四月，正是莼菜长成之时，随处可以见到渔民摇着的船头上，竹筐子里蓄着那翠绿鲜嫩的莼菜。这时候的莼菜最是鲜嫩，虽然七月之后的秋莼菜长得更肥硕一些，但是总觉得少了些春天的清润。路边的店里依然会飘摇着小小的三角形酒旗，颇得我的欢心，这才是江南的韵味儿。我们选了一家看上去古色古香的小店，进去寻了个靠窗子的座位，点了龙井虾仁、西施豆腐，一碟子荷叶饼、一壶女儿红和莼菜汤，我们特意嘱咐老板娘这道莼菜汤一定要鲜嫩的莼菜。老板娘笑着指着窗外系着的小船，说："这要是不新鲜，那也就没有什么算得上新鲜了。"我们探头到窗外，正看见穿着兰花花对襟衫子的船娘在水边浣洗着才摘下的莼菜，碧绿的莼菜映着清澈的一汪水，青翠滑嫩，秀色可餐。

　　小店的厨子将新鲜的莼菜洗净，待锅中水沸之后，迅速投入莼菜，待水再次沸腾便捞起沥水盛入汤盘，这时候是切不可啰嗦的，若是时间一长，莼菜色不亮，味儿也就没了那种特有的清润，吃到口中更是寡淡，毫无清爽可言，再往锅里原汁原味的清汤中加入少许精盐、味精烧开。此时，只见厨子已经麻利地把早就蒸煮好了的鸡胸脯肉和火腿肉切成匀匀细细的丝，将其撒落在碧绿的莼菜上，一锅热气腾腾的汤顺着瓷碗边的折枝牡丹花儿倒下去，只见雪白、嫣红、翠绿瞬间就成了一幅夺目的工笔画。厨子将这道菜端上桌之前，淋上一勺子熬好的猪油。可别小看这一勺子猪油，莼菜本身味儿淡，汤是原汁，鸡胸脯肉、火腿丝也是早就去了油脂的，所以，最后的这一勺子猪油一下子便激起了这个寡淡味儿里面的清香，想来，这仿佛就是吴道子点染皴擦之后的点睛之笔。

一碗清汤，如一却喝得有滋有味儿，女儿红一杯下肚，腮边泛着红晕，唇边沾了一片儿莼菜叶，真是诱人得很。她笑着看我说："今日，喝了这一碗莼菜汤，我才回到了家啊。"是的，江南的女儿，到了今日，方才找回了迷失许久的灵魂，寻到了故乡的路。

后来，我与朋友在北京一起吃了莼菜鲈鱼羹，不是很喜欢，白色浓稠的鱼汤，掩盖了莼菜的鲜嫩，失去了本来的那个味儿。朋友说莼菜离了江南，味儿总是会差那么一点。

莼菜汤属于江南，就如同小鸡炖蘑菇属于松花江畔的冰城，离了故乡，也就没有了根。

济南奶汤蒲菜

离离水上蒲，
结水散为珠，
初萌实雕俎，
暮莅杂椒涂。

——谢朓《咏蒲诗》

来济南，不能不看天下第一泉，文人墨客，曲水流觞，一盏茶里就是丹青水墨，诗情画意的从容。若为小餐，则绝不会放过清香莲子糯米藕，再来一碗奶汤蒲菜羹，便觉得吃尽了大明湖的一年四季，雨雪风晴。

蒲菜，俗称草芽，为香蒲的嫩茎，蒲菜入宴在我国已有两千多年历史，明朝顾过诗曰："一箸脆思蒲菜嫩，满盘鲜忆鲤鱼香。"蒲菜有"天下第一笋"之美称，是济南大明湖的特产之一。南齐诗人谢朓爱吃蒲菜，为此还专门写了一首《咏蒲诗》："离离水上蒲，结水散为珠。间厕秋菡萏，出入春凫雏。初萌实雕俎，暮莅杂椒涂。所悲塘上曲，遂铄黄金躯。"老舍先生也爱吃蒲菜，所以在他的文章里，蒲菜与茭白、白花藕曾三番五次地出现。

奶汤蒲菜是济南的传统风味名菜之一，也是泉水宴中的一道重量级菜品。蒲菜产于大明湖畔，早在明清时期便极有名气，至今盛名犹存。成品汤呈乳白色，蒲菜脆嫩，入口清甜，是夏季汤品之佳选，素有"济南汤菜之冠"的美誉。

初春，大明湖的蒲草抽芽，水下生根，正是吃蒲菜的好时节。蒲菜名为菜，其实吃的并不是叶子，而是水下一节一节的水嫩翠生的根茎。将根茎取出来剥去外壳，洗净后用刀切成两寸长的段儿，浸泡上三四个小时，然后过水。可不要小看这道工序，水要多要沸，速度要快，入水打个滚儿，即可捞出，若时间长了，蒲菜失了脆嫩，时间短了，蒲菜会有些淡淡的生涩味儿。焯好水的蒲菜白嫩翠生，一眼看去就如同江南的春笋，味道也像极了，所以蒲菜还有个名字叫蒲笋。奶汤蒲菜算是格调比较高的一味菜，比清汤的味道醇厚，衬得蒲菜越发的清口。奶汤色白味醇正，熬制的过程也是繁杂讲究的，据说大明湖畔几家老字号的厨师们总结出来一套选取肥鸡、肥鸭和猪骨一起煮汤的工艺，并且适当地加入鸡肉泥，吸收汤里所有的杂质，于是便有了"清汤"，然后在"清汤"里再放入骨头一起煮，使骨髓溶入汤里，于是就成了色泽乳白、鲜香味浓的"奶汤"。

为了做这道菜，济南府的大厨们还专门研制出了一种独特的调料——葱椒绍酒。这是济南菜中特殊的调味品，是将葱白、花椒剁成泥用纱布包起来，放在绍酒中浸泡两小时后再将布包除去。葱椒绍酒宜少不宜多，过多不仅影响菜肴的汤色，而且影响其清鲜的口味，但若是少了这调味品，就如同照壁上的龙，画好了多日，终究还欠点睛之笔。

爷爷是厨子，所以在他口中说出的菜谱，都是带着声色的，说起当年的那道奶汤蒲菜，从蒲菜出水，到水焯玉兰片、冬菇朵儿，雪亮的柳叶刀，厚实的铁木砧板，热锅里爆香的葱姜末儿，入锅翻炒出的带着清湖水味儿的蒲菜，都鲜活地仿佛在眼前一般。其实，这些也都是爷爷听他的师傅说的，他到老，也没吃过这道奶汤蒲菜。在我小的时候，我就下定决心，要把这些听来的美食——吃到肚里去。

后来，我在济南上学，每逢清明前后，与要好的同窗一起去大明湖看荷花，终于吃到了这心心念念了十几年的奶汤蒲菜，奶汤蒲菜里是青翠鲜亮的蒲菜段儿，白色里带着一点青碧色，如上好的羊脂玉。汤汁入口爽滑，蒲菜还带着一点脆嫩，咀嚼一番后顺着喉管滑下，真是说不尽的舒畅。但是朋友却说这蒲菜搭配着肉炒着吃比较好，这样炒熟的肉和蒲菜更是鲜嫩。

大诗人臧克家先生的散文当中就写了蒲菜炒肉，他是这样写的："蒲菜炒肉，我尝过，至今皆有美好的回忆。写到家乡的菜，心里另有一种情味，像回到了自己的青少年时代。"寥寥数笔，把对吃的回忆写得淋漓尽致，青葱少年，如同那脆嫩的蒲菜一般美好，却再无可追，到了今日，蒲菜不仅仅是一道美食，更是一种文化。

我比爷爷有福，在济南上学的几年吃了多次奶汤蒲菜，当然价格不菲，算是我年轻时候仅此一次的奢侈。

徐州丸子汤

久不见云龙山，你会惦着它，哪怕你每日穿行于中山大道，也没有身在徐州的感觉。三天不喝丸子汤，就会失忆徐州印象。

对于土生土长的徐州人来说，他们如果三天不喝丸子汤，就会失掉徐州印象，所以在徐州的街头巷口，都会看到卖丸子汤的小店，店铺不大，食材一目了然，足够新鲜，那是徐州人生活里不可缺少的一道风景线。要说正宗，还得数苏记徐州丸子汤。那年我出差路过户部山，吃了一碗苏记丸子汤，那碗丸子汤让我记忆犹新，不为别的，单单是里面的萝卜绿豆面的丸子，就足够令我回味半日。

一般的丸子汤都是以肉糜为原料，清汤为底，加入香菜、蒜苗之类的青菜，但徐州的丸子汤却是以萝卜、绿豆面、淀粉、花椒面为主料。丸子直径一厘米，色泽金黄，口感酥脆，配以绿豆皮儿，大骨熬出的荤汤，再来一勺子熬好的辣椒油，一碗下肚后身上暖烘烘的，价格实惠，味道浓郁。在徐州人的眼里，丸子汤做早点是最适宜的。汤里的丸子都是素丸子，据说是北魏时期道家的素食，后来流传到民间，汤底也就成了荤汤，不过现在的苏记丸子汤据说也有清汤的。

清晨，忙碌的人们踏着一地秋霜上路，这时候街上的小吃摊都开始招呼过路行人，苏记丸子汤的门板早就整整齐齐地卸下来摆在一侧，丸子汤的各种食材也整齐地摆在了门口。大锅里的汤热气腾腾，案板上的绿豆皮儿摞成的高高一叠小方块，等候着来来往往的食客。介绍丸子汤，必然得说一说这香酥可口的丸子，是汤中十分精彩的一道亮点，一般都是现场制作。将大瓦盆里的萝卜碎、绿豆面、淀粉、花椒粉按照一定的分量配好，再加上精盐、葱花末儿，搅拌匀了就开始上锅炸。用竹筷子将直径为 1 厘米的小丸子麻利地投入到油锅里，慢慢炸至外黄内熟时捞出，即成绿豆面丸子。这种丸子浸泡在汤里不会膨胀、不会软，就是你将汤喝完后再吃丸子，依然是嘎嘣脆。

老徐州人说以前的绿豆饼都是上鏊子烙好的，现在都是机器压成的，加入淀粉后不会黏连。但是说实话，少了这道工序就仿佛少了烟火味儿，成了赶潮流的速食面了，不过和现在生活节奏快的年轻人倒是相宜的。

苏记丸子汤还有一个独特之处就是辣油熬得好，不要小看这辣椒油，它确实是丸子汤中的神来之笔。丸子汤好不好，先看辣椒油熬得好不好，火大了会苦，火欠了不但香味出不来，还会辣嗓子，吃完了半日嗓子都痒得难受。苏记的辣椒油油而不腻，辣而不呛，苏记丸子汤的正宗传人崔丁辉曾说他熬辣椒油要三四个小时，半条街道都能闻到浓郁的香味儿，辣椒暗红，上面飘着一层油亮红艳的油，只看一眼就让人垂涎三尺，一点都不夸张的。

天色微曦，大街上开始熙熙攘攘了，店里的厨子在门外的炉灶上将锅洗净加入水，再掺入棒骨汤烧沸，这边的食客说要一张绿豆饼，那边的食客说要蒜泥多多的。店里的伙计这时便开始忙碌起来。厨子在大锅子里放入薄饼，稍煮后调入精盐，起锅盛入大海碗中，加入味精、蒜、丸子，淋入辣椒油、香油，最后撒上香菜，这样一碗色香味俱全的丸子汤就端到了食客的面前，浓郁的香味猛地就勾起了沉睡了一个夜晚的味蕾，是的，这个味儿就是那样迅疾、热情，让你猝不及防，让你心甘情愿。

我与好友抱着一碗热乎乎的丸子汤坐在板凳上，吃得不亦乐乎。以前一直不明白，很多岁数大的人们都喜欢来一句"蒜蓉多多的"，因为蒜的异味，一般人都是难以忍受的，所以一直作为调味料，也是点到即止。直到我们吃上这碗丸子汤才知道，蒜蓉遇见丸子汤才算是才子遇上佳人，两者融合得恰到好处，融合得天衣无缝，不但吃不出蒜蓉的辛辣，滋味浓郁的汤水还平添了一种令人兴奋的情绪。

如今，不少在外地的徐州人仍念念不忘徐州丸子汤。一位在外地的徐州游子说："久不见云龙山，你会惦着它，哪怕你每日穿行于中山大道，也没有身在徐州的感觉。三天不喝丸子汤，就会失忆徐州印象。每每出差回来，总要先去云龙山下喝碗丸子汤，以填缺内心的空落。"

一碗朴素的丸子汤，却在这个时代深受人们的喜爱，或许是回味记忆中的味道，简陋的环境也座上客常满。有人吃了后还再来一份"兜着走"。其中也不乏年轻人，好奇之余也来上一碗，大概是想品尝传统、细读徐州，感受徐州饮食文化的深厚底蕴吧。

江西瓦罐汤

民间煨汤上千年，
四海宾客常留连。
千年奇鲜一罐收，
品得此汤金不换。

一直以为喝汤是广东人的专利，喝过瓦罐汤之后才明白，江西人才是真正深解汤中至味的食中老饕。

广东汤水清淡，甜味儿、鲜味儿居多，哪怕就是几块木瓜加上几粒冰糖，也能用一小汤煲小火慢炖，煲出一碗甜甜蜜蜜的味儿，仿佛爱情的味道。而江西的瓦罐汤就更接地气了，鸡鸭鱼肉皆可，汤汁浓郁，味道醇厚，若这时候再来上一大碗麻辣鲜香的拌粉，就足以让你吃得面颊红润，大汗淋漓。其实瓦罐汤的材料是不固定的，猪肉、牛肉、羊肉、鸡肉和各种菜蔬都可以放置其中，用慢火便可煨出色香味俱全的一盅好汤。煨出好汤的关键在于熬汤的瓦罐。将装好食材的小瓦罐层层相叠地置于一个硕大的瓦缸中，将口蜜封后再以木炭恒温炖煮六个小时才成，不用说吃，光听就足够让人浮想联翩为之神往了。

《吕氏春秋·本味篇》记载了煨汤的真谛："凡味之本，水最为始，五味三材，九沸九变，则成至味。"江西南昌的瓦罐汤，就是对这段文字最为恰当的注释，这一味道至纯的汤水成了赣菜的代表，至今已有一千多年的历史。

　　南昌的大街小巷随处可见瓦罐汤，或大或小的店铺门外，都会有一个描龙画凤的暗褐色的大缸敦实地放在门外的灶火上，还未走近，便会隐隐约约地闻到一阵若有若无的香气隐隐地飘过来。我们走近后再往瓦缸里看，瓦缸内一层一层摞着许多巴掌大小的小瓦罐，每个瓦罐用银色锡纸包裹，整齐排列，秩序井然。每个瓦罐里面装有不同的食材，有土鸡、鸭、蛇、龟、天麻、竹笋、猴头菇等。在大瓦缸中间底部，有红通通的炭火在燃烧。这一锅汤一般是晚上开始入锅，瓦罐按照不同的食材顺序层层叠叠排好，然后就开始点火煨制。每锅煨制时间达7个小时以上，这个过程也不是一蹴而就，而是要分三个阶段完成，先是160℃煨2~3个小时，接着降温到120℃煨2个小时左右，再用文火慢慢煨2个多小时，这样的汤久煨而不沸，不施明火，不伤食材，使原料鲜味及营养成分充分融入汤中，汤汁稠浓，醇香诱人，口味独特。据说在南昌流传着这样一句话："陈年的瓦罐味，百年的吊子汤。"《煨汤记》中也曾记载"瓦罐香沸，四方飘逸；一罐煨汤，天下奇鲜"的说法。

　　对于瓦罐汤，南昌的土著们喜欢在前面加上"民间"这两个字，仿佛只有这两个字才让瓦罐汤愈加亲民，愈加厚实。

　　相传瓦罐汤出现在北宋嘉祐年间，一位洪州（今江西省南昌市）的才子约了相契的友人去郊游，行至一美景之处，流连忘返，便命仆人就地杀鸡剖鱼斩肉，佳肴美酒，吟诗作对，玩至夕阳西下，众人仍意犹未尽，便相约明日再来。临走时，仆人将剩余鸡鱼肉及佐料放入瓦罐，注入清水后盖压封严，塞进未熄的灰炉中用土封存，仅留一孔通气。次日，众人如期而至，仆人将掩埋的瓦罐搬出，揭开瓦盖，已是香飘四溢，细细品尝，味道绝佳。后来这煨汤之法被一位掌柜得悉，引至饭庄并将瓦罐之外加以瓦缸，杜绝与明火接触，味道更加鲜美，自此瓦罐煨汤扬名民间，成为赣菜一绝。

　　在南昌，老人们每天大清早就会来店里等着那煨了一夜的汤出炉。店主将大缸上的盖子掀开，就看见巴掌大小的罐子紧密地排列在硕大的瓦缸里，每只罐子都用锡纸封了口，防止味道跑出来。

　　汤一上桌，揭开锡纸，那鲜味就扑面而来，来得迅猛，来得让你猝不及防，来得让你对眼前的美食生出一种敬畏。

　　一罐莲子莲藕排骨汤，软糯鲜香，孩子们喜欢。

　　一罐人参白果土鸡汤，滋补身体，老人们喜欢。

　　再来一罐牛蹄筋牛尾汤，赶着上班的小伙子们也喜欢，配上一盘子拌粉，这大半日的活儿就做得有劲头了。

　　年轻的姑娘们更是瓦罐汤的忠实粉丝，百合鲫鱼汤，养颜还吃不胖，冰糖雪梨汤更是润肺美肤的好帮手。

　　这南昌的日子，就是在一罐一罐的汤汤水水里滋润着，越发的饱满起来。

河南逍遥镇胡辣汤

　　"北有京城大碗茶，南有逍遥胡辣汤"，在寒冷的早晨喝碗胡辣汤，已然成为一种心之向往的享受。

　　我在济南吃了四年的胡辣汤，所以，我一直以为胡辣汤配烧饼油条是济南的小吃。

　　直到毕业那会儿去河南写生，我才知道，原来胡辣汤就跟天津的煎饼果子来了济南一样，短时间之内用星星之火的燎原之势抢占了大街小巷，打败了本地的大米干饭把子肉，成为街头早餐中的翘楚。

　　那时候周六早上是不跑操的，每天早上我们睡到自然醒才起来，端着硕大的保温杯，睡眼惺忪地往校门外的小吃街走，远远地就看见那一人高的大肚子铝壶裹着厚实的棉被，敦敦实实地坐在三轮车上等我们这群起晚了的鸟儿。蹲坐在一旁小凳子上的一般都是年过半百的中年女人，慈眉善目的，操着一口地道的河南话，把着笨拙的大肚子壶，将黏稠的还冒着热气的胡辣汤倾倒在我们手里的保温杯中，再来一大勺子胡椒粉，一勺子香醋，搅一搅后那股子酸辣味儿直冲脑门，那叫一个香啊。顺便再从一旁的烧饼铺子里买来一个油酥烧饼，然后我们蹲坐在一旁的长条小桌子吃起来，两块钱就把空了一夜的肠胃打发得暖烘烘的，打个饱嗝儿都是幸福的味道。

　　胡辣汤比本地的甜沫儿好喝，这是我们学生公认的，不管是里面爽口的海带，还是脆香的花生米、豆腐皮儿、面筋块儿，都比甜沫儿来得实诚。一直到了毕业去河南写生，我才明白我们在济南喝了三年的胡辣汤也是偷工减料后的删减版，除了酸和辣的口味儿保留了，其中的黄花菜、黑木耳等精华都给删减了。

河南是胡辣汤的发源地，要说最正宗还得是逍遥镇胡辣汤。逍遥镇的胡辣汤相传始于明朝中叶，一直是皇宫里的皇亲国戚享用的，胡辣汤由 30 多种中药加上精粉面、粉条、鲜牛肉、花生仁、芋头、山药、金针、木耳、葱花、蒜片、面筋泡等熬制而成，曾被奉为宫廷饮品，因其香辣独特的味道，故皇帝赐名"胡辣汤"。到了明末清初，御厨赵杞为避战乱，隐居于逍遥镇，胡辣汤的做法由此开始流传于民间，并且还有了一个雅致的名字，叫做"八珍汤"，从这个名字就能看出来胡辣汤可谓是食物多样化的典范。

现在，逍遥镇的胡辣汤也有八种以上荤素搭配的食材，其中荤的有牛肉，保证了对人体能量的供应；素菜有山药、金针、木耳、菠菜、海带等，为人体提供了钙、镁等微量元素和膳食纤维；再加上面筋泡、面粉、粉条、花生等，真可谓是一锅百样味儿，鲜香勾人魂儿。

当年距离我们住的宾馆不远处就是一家卖胡辣汤的老店。黑漆漆的招牌上，字迹都已经有些模糊，熬制胡辣汤的大铜壶据说也是上一辈的老人传下来的，每天店主会把铜壶擦得锃光瓦亮的，配着兰花白底的海碗，端起来捧在手上就忍不住要顺着碗边吸溜一口才舍得放下。胡辣汤少不了胡椒粉和香醋，有的还会放一小撮香菜，我是不放的，总觉得香菜会夺了胡辣汤的荤味儿。春寒料峭之时，这样一大碗胡辣汤喝下去，初春的寒气就被赶走了。胡辣汤只是早上供应，到了下午就只看见富态的老板娘坐在小板凳准备第二天的材料了，熬汤的牛骨，需要泡发的木耳粉条，都整整齐齐地摆放在瓦盆子里，一眼看过去仿佛日子就这样出现在眼前，等着人一步一步地走过去。

后来据说，根据这道汤食还拍了一部纪录片就叫《胡辣汤》，自从播出之后，逍遥镇的胡辣汤就开始昂首阔步地走出了周口，冲出了河南，走向了世界。胡辣汤的花样开始不断翻新，口感也更是入乡随俗，适合不同地方的人的口味。比如北舞渡的胡辣汤肉嫩汤鲜，香辣绵口，汤色凝重，口感麻辣味儿十足；而陕西的胡辣汤酸味儿少，咸味儿重，还加入了鲜嫩的牛肉丸子以及白菜、土豆等辅料，色泽略深，很适合当早餐的配菜，空口喝总觉得有些浓郁；到了开封，胡辣汤直接成了素食者的专利，里面没有牛羊肉，主要是素食材，吃起来味道清香、原汁原味。估计这胡辣汤从遥远的逍遥镇走到我们的大明湖畔，就更是清淡宜人了，只好配着油酥的烧饼才能有一丝丝的荤味儿吧。这让我不由得想起我们班里外号叫大壮的同学，打从河南写生回来之后，去喝胡辣汤都得配上个牛肉火烧才行，要不就找不到那个香味了。

现在，超市里已经有了胡辣汤的便利包，和速食面一样，买回来用开水一冲一搅，也能搅和成一碗黏稠的胡辣汤，但是怎么吃也没那个热乎劲儿，看来这吃，也是马虎不得，虽然方便了，迅速了，但味道也就寡淡了。

广东清补凉

　　中国饮食文化中讲究药食同源，正如广东人这道一年四季皆可用的清凉补，一个"清"字爽口，一个"凉"字去燥，一个"补"字让人吃得安心"吃得踏实"吃得理直气壮。

　　清凉补，是一味药膳，而且可以根据季节转换来搭配荤素不同的食材，可以算是中国药膳文化中颇有代表性的一类，广东人尤擅其道，所以又有广东靓汤一说。北方的男孩子找个广州的女孩子是很有福气的，广东的女孩子做出的清凉补好喝又滋润，养出来的人儿都是清丽润泽，养眼得不得了。

　　我第一次听说"清凉补"三个字，是刚上大学的时候。寝室里的广东女孩儿看着我抱着镜子挤脸上的痘痘的时候，慢声细语地说："喝点清凉补哦，就会美美哒。"第一次听说"清凉补"这个词，后面还跟着"美美哒"三个字，再加上广东小姐那张细白粉嫩的脸，这些都让我对清凉补增添了几分好奇。

　　清凉补就是煲汤。煲汤在南北方是不一样的，北方的汤讲究食材丰富，各种大料和酱油、香醋都投入进去，大火咕嘟咕嘟地猛炖，出来就是满当当的一锅汤，用大海碗盛放端上来，一家子人吃得是不亦乐乎。而广东煲汤则秀气得多，一片薄薄的瘦肉或者两段去油的排骨，加上淮山、芡实、百合、莲子、玉竹、薏米和龙眼肉，不用加过多的调味品，加足一大碗清水，扔进几片去皮生姜，大火烧开，文火慢炖，几个小时之后，再加入一勺子盐便可以享用了。将炖好的汤盛放在秀气的白瓷小碗里，清澈见底，白的雪白，青的碧青，简直就是繁华过尽的一眼白雪，踏遍青山之后的一片闲云，清澈的一碗汤，味道清爽，营养丰富，极其适合身体柔弱的女孩儿家温补。

若是不喜欢荤味儿的清凉补，那就直接加入一大碗清水，去掉瘦肉排骨，加入党参，其他不变或者略作调整，熬出来就是一碗夏日里不可多得的糖水。芡实淮山，百合莲子都是润燥而温和的食材，薏米不但可以祛除南方天气中的湿气，还能养颜美白，龙眼肉则是及其适合温补的，这样的几样凑在一起，味道若是再不好，那就是像我这样没有任何厨艺的门外汉在暴殄天物了。

广东小姐是喜欢煲汤的，上学没几日，就喜冲冲地从市场上淘了一个白瓷电炖盅，她说没有炉子，也就买不到好的汤煲，就这个电炖盅凑合着吧，那语气中带着三分无奈，七分炫耀。

从那天开始，我就没见她喝过餐厅的糖水。

春天炖一盅腔骨芡实玉竹龙眼汤，喝得一张小脸细白粉嫩，我们在春风里凌乱的时候，小姐就是那一枝粉白的杏花儿。

夏天再来一盅薏米玉竹银耳莲子羹，消水肿，嫩肌肤，一盏一盏地喝下，整个人儿都是水灵灵的，任你骄阳似火，小姐照样清凉无汗。

秋天，经过一个夏季能量的消耗，更是要喝清凉补，加入去掉皮和油的鸡架，几枚大枣，一段山药，几片百合，小火咕嘟出来，再加半勺糖、半勺盐，一口喝下去，只想说，舒坦。

中国饮食文化中讲究药食同源，正如广东人这道一年四季皆可用的清凉补，一个"清"字爽口，一个"凉"字去燥，一个"补"字让人吃得安心，吃得踏实，吃得理直气壮。

我喝了三年广东小姐熬的清凉补，养出了一副刁钻的口舌，对北方的汤多了一种逃离与背叛，想起来竟然会有几分过意不去。

泉州风味四果汤

在我们的眼里，四果汤就是泉州本土的哈根达斯，但是价格却比哈根达斯便宜得多。

双城舔了一口手里的刨冰，无限神往地说："在我们泉州，四果汤的小店随处可见，就跟你们这边的刨冰店一样，但是四果汤和刨冰这种机器甜品的味道相比，好吃的可不仅仅是一倍哦。"虽然，她都快十年没回泉州了。

四果汤是闽南小吃，在泉州，一到夏天随处可见。路边简简单单的一辆扎着素色花布伞的小车子，一眼看去清新素雅。小车子上的大砂锅里是煮好的银耳冰糖水，旁边放着各种蒸熟凉透了的莲子、绿豆、薏米、阿达籽，还有晶莹剔透的碎冰，这一碗红红绿绿的搭配在一起，看着就十分养眼，任是谁看到了也想吃一碗，不仅味道好，还消暑止渴。四果汤关键是健康，汤里的五谷杂粮都是自家煮的，不添加任何香精色素。

若是生意好，做大后也可以开一家小店，和小摊子比，那就是单间雅座了。双城说他们家就是开四果汤店铺的，夏天卖四果汤，冬天就卖烧仙草，一年四季都是吃不够的美食，看不够的美景。

阿达籽这个名字看着很陌生，我猜想跟我们大明湖后门卖的冰粥差不多。我曾经兴冲冲地带着双城去经营了好多年的老店吃冰粥，吃完后，她用那种充满了怜悯的眼神看着我说："陌陌，你真的是没吃过四果汤，所以你的胃口永远是那么容易满足，单单是阿达籽，那软糯的口感，那滑嫩的滋味，就不是这样的红豆、绿豆能比得了的。"阿达籽"这三个字，让我对四果汤这神秘的美食充满了向往，双城拉住我的手，诚恳地说："暑假啊，你跟我回泉州，一定让你吃厌了才回来，当然，我们家的四果汤是永远不会吃厌的。"

第一次见到制作四果汤的过程，我惊呆了，十平方米的门店，只有两张小桌子，冷气开得足足的，穿着素净麻布裙子的双城妈妈站在一排排小玻璃盆子面前忙碌着。熬好的银耳糖水，晶莹得如同一块上好的玛瑙，银耳若云朵儿一般悬浮在其中，除了薏米、莲子、绿豆之外，还有不同的水果粒，西瓜、木瓜、香芋、芒果、菠萝、奇异果，每一样都切成筷子顶儿大小堆放在透明的玻璃盆里，看着就让人食欲大增，不怪乎门外排了长队。盛一勺子银耳糖水，加一勺子阿达籽，再来一勺子薏米、一勺子绿豆、一勺子碎冰，基本款的四果汤就大功告成了。此刻，四果汤在我们的眼里，就成了泉州本土的哈根达斯，但是价格却比哈根达斯便宜得多。阿姨喜欢叫人细妹儿，客家话说出来都是很有韵味的，在我看来，这个称呼就跟"阿达籽"这三个字一样，牢牢地吸引着我的注意力。

阿达籽是四果汤里不可缺少的主角，若是没有阿达籽，这碗四果汤充其量也就是冰粥。阿达籽是一种用木薯粉做成的味道超好的食物。阿姨一边介绍着手边的原料，一边加入木薯粉倒入开水揉搓着，慢慢地就揉成了一种灰白色的面团。然后阿姨在案板上将面团搓成长长的条，将其切成小方块，放在开水中煮熟，这时候的阿达籽晶莹剔透，捏起一粒，咬在口里爽滑而筋道，跟小时候吃的软糖的味道是极其相似的，但是却多了一种木薯的甜香味儿。以前的阿达籽就是木薯块儿，现在还出现了各种带馅儿的，我和双城还是喜欢吃原味儿的，原味纯粹，没有剥夺其他水果粒的味道，还让汤水带有木薯特有的清香味儿。

那个暑假，是我过得最惬意的一个假期，泉州的小吃、泉州的小巷，无论在何时想起，都让我记忆犹新。回来很久之后，我又去大明湖后门吃冰粥的时候对老板说："老板，多来点阿达籽哦。"看着老板愕然的样子，我尴尬地笑了笑。

毕业之后，我去过厦门，也去过广东，吃过各种四果汤和清凉补，里面的食材也更是丰富，现在还加了香芋小丸子，但是吃完了总觉得少了让人值得回味的东西，总会记起那个叫双城的女孩儿骄傲地对我说："我家的四果汤是最好吃的，永远不会吃厌。"

常州毛胡子骨头汤

　　毛胡子骨头汤巧妙地用家常味道留住了一个又一个恋家的孩子，孩子们在一碗汤里吃出了故事。

　　常州人喜欢炖汤的程度绝对不亚于把煲汤当作日常的广东人，不过常州人的喜欢会更含蓄一些。一副猪肚，翻来覆去，盐搓水洗地收拾大半天，放入小砂锅里，倒入三碗清水，姜母一块，香葱两段，从中午一直炖到夕阳染红了天边的云霞，那乳白色的汤汁，略略带着苦味的香气，让家里大大小小的孩子忍不住一再揭开锅盖儿去看。毛胡子骨头汤，十几年前就这样突然出现在大家的生活里，而且来势迅猛，一下子就把你记忆中的嗅觉、味觉都激发了起来。

　　"毛胡子骨头汤在常州有好几家，同济桥下的那家是最正宗的。"不知道是从哪里传出来的这个话，总之大家都这样说。所以大家可以忽略那家门脸儿小店内逼仄，可以忽略那家大厨喜欢挽着袖子、伸着脖子出来跟大家伙儿聊几句，也可以忽略桌布三天才换一次。原因只有一个，食客们钟情于毛胡子家的骨头汤味道鲜，肉不腻，而且有嚼头，也没有那些个大料桂皮的味儿，他家的骨头汤是小时候骨头汤的味儿，是在红红的小火苗上咕嘟咕嘟炖一个下午的味道。

　　我们站在店门口，与我们同行的十岁的鼓鼓盯着招牌上有了两撇整齐的小胡子的中年人看个不停，鼓鼓进店之后便一个劲儿地问："毛胡子呢，我们要看毛胡子啊。"他那一对圆溜溜的大眼睛来回转着，看着店里面的服务员，甚至跑到厨房门口想探进头去看看大厨是不是有着一脸的毛胡子。店主是个身材瘦削的中年人，不笑的时候很严肃，一笑露出一侧的金牙，就有了几分生意人的圆融与通达。

骨头汤一上桌，乳白色的汤汁上飘着几枚胭脂色的大红枣，如媚眼儿一般，着实吸引人。一块块的大骨头上肉丝分明，这是孩子们的最爱，老板给每人一副一次性手套，小家伙下手了，吃得不亦乐乎，啃一口肉，喝一勺汤，还止不住说着："毛胡子真好吃。"一旁的老板笑着说："不是毛胡子真好吃，是毛胡子骨头汤真好吃。"

吃肉不如喝汤，对于我们这一群过了半辈子的人来说，吃肉的欲望早就淡得很了，不过这碗汤确实鲜，香味浓郁却不腻，入口香滑，细细一品，鲜嫩异常，还带着一股若有若无的红枣的甜味儿。在乡村做了一辈子大厨的舅爷说："这道汤啊，其实就是一个大骨头的新鲜，一个火候的掌握。"一旁的老板这时候说："老爷子，你一定是大厨，我们毛胡子骨头汤，不添加大料，就是新鲜的大骨小排，加上葱姜、大枣、枸杞子，来点精盐调味儿，全靠一个材料的鲜味吊着。大火开锅小火炖，炖足了时间，熬出了滋味，骨髓里的精华都炖在了汤里，喝一口啊，鲜香无比，吃一碗，那是回味无穷的哩。

都说新鲜事物如同一阵风，来得快，去得急，十几年过去了，毛胡子骨头汤不但没有消失在常州的小巷深处，还愈加的红火，从一家独秀开成了多家的连锁店。如今，越来越多的人喜欢上了毛胡子骨头汤，吃的就是那个鲜香滑嫩的味儿，说穿了，其实吃的就是一个家常味儿。对于急急忙忙奔波在写字楼里的八零后和九零后们来说，吃妈妈的饭才有家的温暖，而毛胡子骨头汤就巧妙地用家常味道，留住了一个又一个恋家的孩子，在一碗汤里吃出了故事。

第六章
且取茶香醉春芳——10道记忆悠长的茶点

茶。

香叶，嫩芽。

慕诗客，爱僧家。

碾雕白玉，罗织红纱。

铫煎黄蕊色，碗转曲尘花。

夜后邀陪明月，晨前独对朝霞。

洗尽古今人不倦，将至醉后岂堪夸。

——唐·元稹《茶诗》

北镇面茶

　　面茶是季节性的小吃，秋末冬初，人们就开始翘首期盼那辆独轮车出现在鼓楼下的街口上，颇有几分期待故友的劲儿。

　　面茶不是茶，甚至可以说和茶一点干系也没有，但是单单占了一个茶字，就成为北京、山西、辽东等地颇有地方特色的小吃，上至耄耋老者，下到垂髫小儿，都喜欢在初春或寒冬里，抱着一碗热乎乎的面茶，转着碗沿喝，喝得满面红润，喝得不亦乐乎。

　　北京面茶多用小米面，而地处辽东的北镇面茶则选当年新鲜的糜子面，这一点点差异，就吃出了完全不同的味道，而北镇的面茶，更容易滋润着这方被大山拥抱着的土地。北镇是一个古老的小城，雕梁画栋有之，泥墙篱门也有之，古老带着岁月痕迹的建筑被保留下来的同时，面茶也在这里一直喂养着北镇人们的肚肠，北镇的人们将日子过得红红火火。

　　面茶是一种季节性小吃，秋末冬初，人们就开始翘首期盼那辆独轮车出现在鼓楼下的街口上，颇有几分期待故友的劲儿。清晨起来，我们顺着北镇的老街走到庙头，远远地就看见有人在卖面茶的小摊儿前或坐或站的，满眼都是人。早起晨练的，赶早儿做生意的，没来得及吃早饭的娃娃，都要捧着一碗面茶。推主将滚烫的面茶熬得恰到好处，不稀不稠，喜人的黄色带着浓郁的香味儿，再来上一勺子麻酱薄薄地摊在上面，撒上一小撮炒熟的白芝麻盐儿，贴着碗沿儿吸溜一口，香味儿直冲喉咙口。

　　熬面茶讲究的是一个火候，将适量的糜子面调成凉面糊糊，一边加水一边搅拌，然后点火，这时候一定要不停地搅拌，一直到面茶飘出扑鼻的香味，再将其舀到碗里。将芝麻酱加入香肉调好，炒熟的花椒用小臂粗细的擀面杖擀成花椒盐儿，与芝麻碎拌匀，这样齐整的佐料看着就让人食欲大开。喝面茶是不需要用勺子的，而且要趁热，两手托着碗，嘴唇贴着碗边，轻轻一吸，一口面茶就到了口中，一边喝一边转悠着手中的碗，这样一直到整碗的面茶吸溜完了，满口都是芝麻酱和芝麻碎，吃完真是让人回味悠长。

北镇上有多家卖面茶的店，朱家的、李家的和张家的，各有各的味儿，最地道的还是赵家的面茶，据说这是祖传的手艺，几代人都是以卖面茶为生计。赵家的面茶还有一样别家没有的特色，就是果子蛋，裹着面加了糖炸出的黄豆粒儿大小的果子蛋，在面茶碗里堆成小山样子，金黄的颜色特别诱人，吃到口里酥脆甜香。早起上学的孩子们最爱这一口，常常人还没到，就扯着小嗓门喊上了，要求老板一碗面茶要果子蛋多多的。憨厚的老板会笑呵呵地看着从远处跑来的小孩儿，他们身上背着的小书包还一跳一跳地敲打着屁股蛋儿。

在北镇，喝面茶是会上瘾的，据说有位八十多岁的老爷子天天早上起来围着鼓楼转一圈，然后到赵家面茶摊儿前喝上一碗热乎乎的面茶，喝完面茶这一天的日子才开始。老爷子一边拍得胸脯砰砰响，一边说身体倍儿棒，还说就是因为喝了大半辈子的面茶，才养了这样一副好身板儿。

其实我没有喝过真正的面茶，只是听着来自锦州的朋友一路说着这道似曾相识的美食，然后喝过他带来的速溶面茶，就和速溶咖啡一样，煮来味道总是差点儿。

蒙古族奶茶

没有草原驰骋的骏马，鬃毛在阳光下都会失去颜色。

离开了草原的蒙古族人，再次捧起一碗奶茶，牵挂着的是那永远的家。

蒙古族奶茶，带有一种来自草原的豪放，带有一种蒙古族同胞热情的沁香。

奶茶是蒙古族同胞无穷的力量之源，一碗奶茶喝下去，那疲惫的牧马汉子便能昂起头看牛羊成群，看骏马奔腾，看敕勒川下大风起兮，听月光下的马头琴声声不息。在内蒙古大草原上，牧民们早已经习惯于"一日三餐茶一顿饭"的生活了。清晨起来，只要看一下帐篷里还有一块茶砖，一碗新鲜的牛奶，这日子就能过得踏实安心。茶砖在内蒙古曾经被牧民们视为"仙草灵丹"，一块茶砖就能换回一头精壮的牛羊，所以草原上也有"以茶代羊"馈赠亲友的习俗，漂泊在异乡的蒙古族汉子们也总是随身带着茶砖，自己煮奶茶喝。

没有草原驰骋的骏马，鬃毛在阳光下都会失去颜色。

离开了草原的蒙古族人，再次捧起一碗奶茶时，牵挂着的是那永远的家。

我家门外不远处有一家小乳羊涮羊肉馆，冬天涮羊肉，夏天烤羊肉串，一家人从老板到服务员都是地道的蒙古族人，蒙古袍从来不离身。他们在后院里还建起来一个一个的蒙古包，浓郁的异域风情在这个钢筋水泥的城市里分外夺人眼球。每次去吃饭，朋友都会选择去蒙古包，他说："坐在蒙古包里色彩华丽的地毯上，喝着浓郁的奶茶，就会忘记这里是他乡。若再有一杯马奶酒，喝到微醺时，便会不自觉地认为这里就是草原，就是家。"

我对奶茶情有独钟，并不是喜欢奶茶浓郁的味道，而是喜欢看煮奶茶的过程，过程中竟然带出了一份仪式般的庄严与神圣，那是蒙古族同胞独有的庄严。据说，在内蒙古草原上，若是家里来了客人，主人没有及时奉上奶茶，那就是极大的不尊重。

阿巴嘎奶茶是这家店里的特色，老板也是位性情中人，若是投缘的客人，老板会伴随着悠扬的马头琴声和呼麦亲自煮奶茶，只是我无缘见过他唱歌，却喝了多次阿巴嘎奶茶。阿巴嘎奶茶的制作过程极有仪式感，乌黑的茶砖被撬成小片，然后研磨成碎末儿放置于一个精致的纱布袋子里，将其打个结置在一边。制作奶茶必须要用茶砖，据说一块茶砖可重达五斤半，颜色黝黑，沉甸甸的。茶砖的味道绝对不是现在的茶包可以替代的，不说味道，单说那个醇厚就是完全不一样的。将清水倒在洗刷干净的锅里，放入茶砖袋儿，点燃干牛粪，在锅子周围摆上一圈儿盛放炒米、奶疙瘩、奶豆腐、黄油、食盐小碗，若众星捧月一般，令人赏心悦目，煮茶的锅子都是闪亮的黄铜锅，古朴而粗犷。不一会儿咕嘟咕嘟的水泡儿开始扑腾，一直到茶水煮成深重的褐色，再将茶袋取出，掠去浮沫儿后继续烧开。边煮边用勺子扬茶，待茶汤有所浓缩，再开始按照比例加入鲜牛奶，然后继续搅拌到黑色茶汤变成暖暖的浅褐色，散发出浓郁的奶香即可。蒙古族奶茶一般都是咸口味儿的，若是加入酥油和红糖就成了著名的酥油茶，普通的牧民家中很少熬制这样的奶茶。我喜欢在喝奶茶的时候加上一大勺子金黄色的炒米，这是蒙古族妇女每天起来都要炒制的，炒米在奶茶中吸收了其中的水分，就成了一碗可以果腹的美食。

穿着蒙古袍的汉子将奶茶端上来，双手擎碗，庄严至极，这一刻，我的面前仿佛不是一碗奶茶，而是整个草原的热情与庄重。加了炒米的奶茶是我的最爱，酥香的炒米在奶茶中浸泡片刻后温润绵软，吃到口中浓郁香甜，令人回味无穷。

来到这里的顾客大多是回头客，他们都是被这个地道的蒙古族汉子的粗犷与敦厚、热情与豪迈所吸引。他说："我只是想给漂泊在外的异乡人带来一份有家乡味道的温暖。"

湖南擂茶

擂茶中的茶取之于山野，烹之于征途，映日月星辰，染风霜雨雪，闲来品之，呈优雅之情，急时佐餐，可果腹又增粗犷豪迈之气。由此可见，每一种饮食文化都是生活哲学的一种诗化，一份启迪。

擂茶发源于湖南，它还有个很文艺的名字，叫三生汤，在忙碌的日子里，这名字在嘴里念叨着就逐渐能品味出几分出世的淡定。"擂茶"这两个字一说出来，人们的心里就生出一种蓬勃的欢喜。

擂茶起于汉，盛于明清，一般都用大米、花生、芝麻、绿豆、食盐、茶叶、山苍子、生姜等为原料，在擂钵中，用擂棍将原料细细研磨成糊状，然后煮开和匀，加入炒米食用。擂棍一般用六十厘米长碗口粗的樟、楠、枫、茶等材质做成，上面刻着沟环，便于悬挂，下面刨成圆头，便于旋转研磨。而擂钵多为内壁布满辐射状沟纹而形成细牙的特制陶盆，大小不等。把各种材料在擂钵捣成糊状，冲开水和匀，再加上炒米，便是一碗香喷喷、热腾腾的擂茶了。

擂茶在漫长的时间长河中，也分出了不同流派，一派以闽、赣、粤等地的客家擂茶做首，一派以湖南擂茶为冠，做法看似相同，细细品味，却也是各有不同。尤其是湖南的擂茶，若是用一个"喝"字，一定会被当地人笑话的，因为湖南客家的擂茶实实在在是用来吃的，吃过的人都会说："那简直就是一碗营养丰富的八宝粥啊。"而且用料比八宝粥更齐全，味道也独特。

十里不同天，即便都属于湖南地界，这擂茶的口味也因地方不同而不同，其中又以桃江县和安化县的擂茶最为出名。桃江擂茶是典型的客家擂茶，不但口味纯正，还可以根据季节调整里面的各种配料。若是招待吃素的客人，会加花生、豇豆或黄豆、糯米、海带、地瓜粉条、粳米粉干、凉菜等；若是招待吃荤的客人，则加炒好的肉丝或小肠、甜笋、香菇丝、煎豆腐、粉丝、香葱等配料。客家的擂茶若说是一种饮品，不如说是一种用来果腹的食物，或许这也与客家人的传统有关系吧。

史料记载，客家人在整个南迁途程中，历尽千辛万苦，而到了客居地又需要白手起家，他们逐渐养成一种坚韧耐劳、敢于冒险创新的品格。也正是这种品格，给了客家人不知疲倦地寻找新天地的原动力。擂茶中的茶取之于山野，烹之于征途，映日月星辰，染风霜雨雪，闲来品之，呈优雅之情，急时佐餐，可果腹又增粗犷豪迈之气。由此可见，每一种饮食文化都是生活哲学的一种诗化，一份启迪。

听安化的朋友介绍，这边的擂茶则是稠如粥，香中带咸，稀中有硬，通俗地说，就像一碗香喷喷的稀饭。每碗擂茶里面，有嚼的，有喝的，吃上一碗，一天也不会觉得饿。因此，若你有机会去安化县，有谁家请你去喝擂茶，你最好是空着肚子去。

安化的擂茶制作非常讲究，原料也多种多样，相较桃江的擂茶，更注重其中的"内涵"。除了茶叶以外，还有炒熟了的芝麻、花生、黄豆、玉米、大米、绿豆、番瓜子以及生姜、食盐和胡椒。当地人把炒熟的大米等先用石磨磨成粉，再把茶叶、生姜和芝麻用擂钵擂成糊状，倒入锅中滚开的水里面，一起煮成糊状，就成了擂茶。不过，在安化，吃擂茶也是要入乡随俗的，千万不要贪图美味而抱着碗猛喝个一干二净，因为眼疾手快的主妇会趁你不注意就再次添满。若是饱了，可以剩下留在碗中，若是吃干净了，好客的主妇可能又会麻利地再给你盛上一大碗，哪怕你已经吃得肚胀如鼓，也得吃下去哟。记得前几年一位朋友就曾经闹过一个笑话儿，连着吃了三大碗，看着好客的主人还要继续盛，吓得他把碗抱在怀里不敢放下了，不过这也正说明咱客家人的实在与淳朴，进家门就是一家人，不吃饱是不放行的。

在湖南吃擂茶，还有个习俗，叫摆碟子，古香古色的桌子上，八个小碟子盛上各色点心小吃，有枯香的壳花生、焦香的油炸红薯片、饱满的番瓜子、香酥的巧果片和紫色的洋窝……这些可都是自家做的，离了湖南，那就只能是闻其名思其味了。

现在擂茶已经有了便利包，拆开来放在开水中一泡就可以喝，我兴冲冲地去超市买回来，半夜泡出来，一股子浓郁的香味便充斥了整个屋子，浓得好像要把你整个人都融化在其中，由此也更坚定了我要去湖南的决心，不为别的，就为了一杯擂茶，便足够了。

云南打油茶

这一碗油茶喝下去，云南印象，便是香甜美！

孔雀仙子杨丽萍让我认识了印象云南，云南就是花的海洋、美食的天堂，所以，一到暑假，我就急急忙忙地坐火车，转汽车，一路向西，向着鲜花的海洋出发。

在云南的很多地方，家家户户的门前屋后，都会栽种着几株瓷意生长的茶树。采茶一年两次，将叶放入甑中或锅中蒸煮，等茶叶变黄，取出沥干，加米汤少许，再略加揉搓，在火塘上用明火烤干，充分干燥后就成为打油茶的最主要的原料。所以，云南人家家都会采青炒茶，而油茶也就成了家家必不可少的小吃，在当地就流传着"早茶一盅，一天威风；午茶一盅，劳动轻松；晚茶一盅，全身疏通；一天三盅，雷打不动"的说法，这也是云南家家户户打油茶最写实的风景。

云南是少数民族聚居地，各少数民族打油茶的方法大同小异，味道也是各有千秋，朋友美雅家是侗族的原始土著，祖祖辈辈都居住在这里，门外的茶树比我们二人合抱还要再粗上几分。也就是在这里，我吃到了正宗的打油茶，而且还尝试自己动手制作打油茶的做法，也算是不虚此行了。

阿奶是朋友美雅的祖母，和蔼的老人家看到我们的到来，一天到晚都笑呵呵的，一直说要做打油茶给我们吃，这可是招待贵客的标准。制作打油茶除了需要炒好的茶叶之外，还要准备各种丰富的佐料，其中主要的佐料便是"阴米"。由于打油茶是侗族人每天必须食用的饮品，所以一般家里的阴米都是预先备制好的。阴米的制作工艺也颇有意思，先将上好的糯米拌上一层茶油或粗糠，蒸熟后放在不能直射阳光且通风的院落里，几日后便阴干了，再用碓臼舂成扁状，去掉粗糠，这样阴米的制作就算是完成了。接下来就是炒米和炒花生、黄豆、芝麻等配料，取出已经晾干的阴米，将其拌河沙炒或油炸成金黄色的米花备用，这样炒出来的米花抓一把吃进口中也都是香甜味儿，是城市里寻不到的味道。

油茶的配料可以随着季节变换，所以美雅家制作的的油茶不但有上面提到的材料，还有切好的新鲜瓜菜丁儿、薄薄的猪肝片儿、红艳艳的小虾米、葱花、姜丝等佐料，各种食品满满当当地摆了一桌子，感觉就像是我们汉族人吃的拼盘。老阿奶为我们示范，在炒茶叶的时候，要先用一胳臂粗的槌子把茶叶舂碎，再加入些茶油和少量的盐、姜等同炒，待油冒烟后加入清水再用文火焖一下，使茶汁浓些，滤出叶渣后放点葱花，油茶便算"打"好了。临吃时，先取一个小碗放入各种搭配吃的小食品，如爆米花、炒花生、炸黄豆、炒芝麻、糍粑、猪肝片等，爱吃甜食的还可以加上一勺子白糖，然后舀滚热的茶汁冲进碗中，浓郁的香气便在这狭小的屋子里散开，猛烈得会让你有瞬间的窒息。

美雅看着我吃了满当当的两碗油茶之后笑着说："你可以把筷子横放在碗上。"我疑惑地看着她，她笑呵呵地对我说："这油茶可称为侗族的第二主食。过去，人们不仅早餐吃油茶，每顿饭前都要吃油茶，家里来了客人，也要打油茶，特别是寨子里的妇女往来，常聚于一起打油茶。吃油茶只时兴用一只筷子。若是客人吃了油茶不还筷子，就表示还要再吃，主人便可以再去添上一碗，若是把筷子横架在碗上或者是还了筷子，则表示多谢主人，不用再添了。"

美雅说，若是春节期间的亲朋好友来吃油茶，还要加一碟子手指宽的油煎糍粑，那味道分外诱人，我们来得不巧，还不是打糍粑的节气，所以就留下了几分浅浅的遗憾。

兰州三炮台

团团围坐，窗外是绿荫婆娑，看着身旁深目高鼻、粉面含香的女子托着盖碗粉彩小盖盅，拇指和中指捏成兰花样，用盖儿顺着茶面轻轻一刮，撮起唇抿一口，那又醇又香的八宝茶就顺喉而下，这不是香妃又是哪个呢？

"兰州的三炮台八宝茶，是回族人的一宝，驱寒助消化，还驻颜回春。"马冬梅说这句话的时候，忽闪忽闪的大眼睛仿佛在给我验证这句话的真实性。

马冬梅是回族姑娘，每年夏末秋初，她都会回到遥远的故乡，她带我去吃牛肉大饼、黄焖羊肉，我和她一起在大漠中的江南水乡——沙湖做了半日闲人，其实这都是次要的，最关键的是我这个嗜茶之人终于与传说中驻颜有术的三炮台有了一次亲密的接触。

喝茶，在兰州的回族人口中叫"刮碗子"，人们在大街上遇见了熟识的朋友，都会亲热地拉着手去刮一碗。兰州拉面味道醇厚，光拉面师傅潇洒的动作就能迷倒众人；还有酿皮子，吃到口中辣得出汗，香得诱人；吃完牛肉大饼、黄焖羊肉，我们几个是脸红肚胀的，这时候，刮一碗就是必不可少的了。刚到兰州的时候，我听到刮碗子，直接懵圈儿，从来不知道喝茶竟然还有这样一个亲切的名字，有一种想让人盘腿一坐，听回族老爷子讲古时候故事的感觉。

这刮碗子，其实就是兰州人离不了的"盖碗茶"，不过当地人更喜欢称之为"三炮台"。在兰州的大街小巷和公园餐厅，随处可见招牌上写着：兰州特产"三炮台"。这茶中的故事还得从四川蜀地说起，相传盖碗茶是唐代德宗建中年间由西川节度使崔宁之女在成都发明的。因为原来的茶杯没有衬底，常常烫着手指，于是崔宁之女就发明了木盘来承托茶杯。为了防止喝茶时杯易倾倒，她又设法用蜡将木盘中央环上一圈，使杯子便于固定，这便是最早的茶船。后来茶船改用漆环来代替蜡环，人人称便，环底也做得越来越新颖，形状百态，不但实用还成了一种特殊的审美形式。自此，这种独特的茶船文化（也被称为盖碗茶文化）就在成都地区诞生了。

随着时光的流逝，这种饮茶方式逐步由巴蜀向四周地区发展，后遍及整个南方。因盛水的盖碗由托盘、喇叭口茶碗和茶盖三部分组成，故称盖碗为"三炮台"。其中的茶因配料不同，所以有不同的茶名，如红糖砖茶、白糖清茶、冰糖窝窝茶等。"三炮台"泡茶时，要当着客人的面将碗盖揭开，放入茶料，然后冲开水加盖，双手捧送，表示对远道而来客人的尊敬。兰州的盖碗茶与四川的盖碗茶形式大同小异，但内容却要丰富得多，回族人喝茶很重视茶的配料，平日自家人喝三炮台，通常是放有茶叶、冰糖、桂圆的"三香茶"。若是远道宾朋来访，则在茶叶中加桂圆、荔枝、葡萄干、杏干等，人们称此茶为"八宝茶"。泡这道"三炮台"，水要用山泉水，烧开后要三滚三沸，泡出的茶香而不清则为一般，香而不甜为苦茶，甜而不活不算上等，只有做到鲜、爽、活才为茶中上品。泡好的"三炮台"不只有茶叶爽口的清香，其中的味道多样，喝完后使人明目益思，神清气爽。

"三炮台"四季皆宜，夏日炎炎之时，喝盖碗茶比吃西瓜还要解渴。冬雪飘飘之时，家里的老人早已经起来，一家人围坐于火炉旁，烤上几片馍馍，或吃点馓子，这时候再"刮"几碗茶就更为惬意了。据说在兰州，老人们聚在一起喝"三炮台"常常能喝上两三个小时或一个晌午。好多老人们把问候"吃早点了没有"说成"喝了没有"，可见茶在兰州人心目中的地位重要的。在宁夏，这"三炮台"还是爱情的信物，男女青年在定情时，男方要给女方送茶定礼，称"拿茶"。

团团围坐，窗外是绿荫婆娑，看着身旁深目高鼻、粉面含春的女子，托着盖碗粉彩小盖盅，拇指和中指捏成兰花样，用盖儿顺着茶面轻轻一刮，撮起唇抿一口，那又酽又香的八宝茶就顺喉而下，这不是香妃又是哪个呢？

江西炒米茶

天寒冰冻时暮，穷亲戚朋友上门，先泡一大碗炒米送手中，佐以酱姜一小碟，最是暖老温贫之具。

——郑板桥

认识炒米茶，是在汪曾祺老爷子的文字里，抓一把炒米，打一个荷包蛋，用开水一冲，撒上一勺子白糖，那味儿，听上去就会让人口水直流。很喜欢老爷子的文章，总感觉这一定是个有趣的老头儿，躲在文字后面笑嘻嘻地诱惑你，笔下那么多的美味，悄悄地就让你忽略了背后的心酸和无奈。炒米和焦屑其实是老百姓忙的时候用来充饥的一种方便食物，吃不饱，也就是用这碗散着热气的炒米茶来哄一哄困窘日子里的辘辘饥肠罢了。

我们这里也有爆米花，生硬的大米经过一阵猛火中的翻滚之后，成了一粒一粒香甜酥脆的爆米花，那是小孩子的吃食，装在兜里，能从秋天一直吃到春节之后。最后，那一袋子鼓鼓囊囊的爆米花也就剩下一个小底儿了，小孩子会翘着小手把里面一粒一粒的焦黄米粒儿抲出来放在嘴里，咀嚼的时候发出咯吱咯吱的响声，现在想来，估计炒米茶和爆米花的味道差不多吧。

小时候我家楼下的炒粉店是江西老佬开的，大学毕业的叔叔常常带我下去吃粉。叔叔在江西上的大学，所以常亲热地叫五十几岁的掌柜江西老佬，掌柜乐呵呵的，跟我们热络得很。每次我看着自己盘子里的炒粉都格外多，吃完我总是嚷嚷着撑得慌。江西老佬会自己做炒米茶，不对外卖，但是周围的邻居们去了，都能喝上一碗热腾腾的炒米茶，加了糖后味道更甜，也可以加上青菜丁儿、酱油、麻油做成咸味儿，好喝得不得了。有时候不想吃饭了，我就跑下去，要上一碗热腾腾、香喷喷的炒米茶，喝完后肠胃也舒坦了，一溜小跑回家去了。

做炒米，是一项技术含量极高的活儿，每一步都马虎不得，不然做出来的炒米香味不够，韧性不够，保存的时日也短。做炒米茶要做"阴米"，就是用当年的新糯米，将糯米在冷水中浸泡，一日换一次清水，一直到四五日之后，淘洗干净后再上木甑用大火蒸熟。木甑一般都是用香杉木做成的，有着一股淡淡的木香，在江西，家家户户都要木甑。米蒸熟了之后不能急着开盖儿，要焖一会儿，这样蒸出的米饭香味浓郁。蒸熟了的米饭倒在一个大而圆的竹簸箕中，用竹筷子拨散，摊在阴凉通风的地方让其慢慢晾干，江西老俵家的婶婶每次做阴米时，我都会在旁边帮忙，其实就是转来转去吃一团糯米饭。

在晾干过程中，婶婶会不时地搓一下饭团，让饭团的米粒散开，均匀地铺陈在圆形的竹簸箕上，浅黄色的竹簸箕衬着雪白的米粒儿，米粒儿如珍珠一样，特别好看。米粒儿全部散开大概需要四五天的时间，这时候是不能晒太阳的，晒了太阳的米饭会炸腰开裂，不能用来做炒米。阴米做好了之后要上锅炒，江西老俵在炒米的时候要用一口精致的小锅，将锅擦得亮晶晶的，每年炒米的时候要拿出来，这个活儿是婶婶要做的。阴米在炒制过程中也是很讲究的，"技术不到堂"是不行的。据说真正的炒米师傅都用大锅放入砂炒，这样炒出来的炒米是米爆花了，冲泡没咬劲。婶婶家用小锅一点一点炒制，这样炒出来的炒米是硬炒米，与各种佳肴小菜搭配起来，那简直就是红花配绿叶，相得益彰。

炒米茶老少皆宜，据说在江西，若是家里的孩子不吃饭，那就抓一把炒米，打上一颗荷包蛋，滴几滴香油，搅一搅后给孩子吃，立刻食欲大振。

在江西，产妇生了娃娃后坐月子，娘家都要送炒米，开锅之后，咔咔咔打上几个鸡蛋，香气四溢，这正是给女儿滋补身体的美味。同时，这炒米茶也是产妇催奶的奶物，可以让产妇顺顺利利地分泌初乳。据现在专家们研究，这炒米茶也是减肥爱美的妹子的福音，它可以把附在胃里、肠子里的脂肪和毒素吸走，排出体外，对于减肥有很好的帮助，是民间流传多年的一种能吃得饱的有效减肥方法。

我曾在书里看到，江南八怪之首郑板桥的一封家书中就写有炒米茶："天寒冰冻时暮，穷亲戚朋友上门，先泡一大碗炒米送手中，佐以酱姜一小碟，最是暖老温贫之具。"由此可见，这炒米茶不光是寻常日子吃的，也是应急的点心。现在的超市里有了炒米茶便利包，据说可以与速食面相媲美，价格也算是比较合适，我买来吃过几次，总觉得还是没有数年前江西老俵的炒米茶正宗够味儿。

后来楼下的炒粉铺子易主，我再也没有吃过炒米茶，但是每次走过去，我都忍不住想到那个早就回了家乡的江西老俵，想他是否还在乐呵呵地做这炒米茶。

成都盖碗茶

一杯盖碗茶喝尽了，从被岁月包浆成酱油色的嘎吱嘎吱响的竹椅子上站起身，拍拍袖子继续走那条看不见尽头的路。

在成都民谚中曾这样说，"茶馆是个小成都，成都是个大茶馆"。喝茶，是成都人过日子的一部分，如同一日三餐，是必不可少的，新朋故友遇见了，定然是拉了手去茶铺子，来上一盏盖碗茶絮叨絮叨。

盖碗茶是成都市的"正宗川味"特产，茶铺在成都的大街小巷随处可见。成都人早晨起来喝一碗茶能清肺润喉，酒后饭余除腻消食也要来一碗茶，一天辛苦后傍晚更要来一碗解乏提神的茶，亲朋好友聊天少不得一碗茶，邻里纠纷消释前嫌更是需要一碗茶。所以，在成都，喝茶的习惯已经融入这座城市的血脉里，成都人在细细品茶之间都带着一股子儒雅。成都人喜欢调侃自己说："成都有三多，这是其他城市所没有的，茶馆多，厕所多，闲人多！"殊不知，在这调侃里也有着几分骄傲与自豪呢。

成都的茶馆也分三六九等，如有人所描写的晚清茶铺是这个样子的："茶铺，这倒是成都城内的特景。全城不知道有多少，平均下来，一条街总有一家。有大有小，小的多半在铺子上摆二十几张桌子；大的或在院子里，或在楼阁内，桌子总在四十张以上。"小的茶铺子，是老百姓一天辛苦之后去要一杯茶，眯了眼解解乏的好去处，而大的茶铺子则被称为茶园或者是茶楼，不但提供各种茶点，还有说评书唱曲儿的，所老一辈儿的人说，定期还有名角儿来登台。

成都的盖碗茶，从茶具配置到服务格调都引人入胜。茶具堪称经典，用铜茶壶、锡杯托、景德镇的瓷碗泡成的茶，色香味形俱全，饮后口齿噙香，回味悠长。我们第一次去茶馆，茶博士穿着盘扣绣花的唐装，穿行于桌子之间，硕大的铜壶托在手上，如穿梭在花间的蝶儿，看得我们眼花缭乱，在外地人眼里，四川茶馆的茶博士堪称是花样泡茶表演的大师了。我们在茶楼一坐，那古典的韵律就悠悠地传来，这边小曲儿悠扬，那厢茶博士的表演惊艳四座。很多时候，我会忍不住想，或许很多人不一定是来喝茶，更多的是观赏茶博士的冲泡绝技吧。

我们去的这家茶馆算得上是清雅净地，人不多，少了喧嚣多了清闲，聊天的茶客们文静秀气地招呼茶博士，只见他边唱喏边流星般转走，右手握长嘴铜茶壶，左手卡住锡托垫和白瓷碗，左手一扬，"哗"的一声，一串茶垫脱手飞出，茶垫刚停稳，茶碗就放到茶垫上，茶博士端起茶壶如蜻蜓点水般将水倒入碗中，一圈茶碗，碗碗鲜水斟得冒尖，却无半点溅出碗外。

若是恰巧赶上茶博士表演花式泡茶，那又是一种享受。硕大的茶壶拿在手中，忽而背在身后，有如苏秦背剑，忽而绕在身前，那是凤凰三点头，茶博士的表演一招一式都有着与之相配的典故，就是最基本的犀牛望月，做出来也是美不胜收。这时候，我们仿佛忽略了杯中茶是老君眉还是碧螺春，哪怕是最廉价的高沫儿，在这种冲泡盖碗茶的绝招中也会满满地溢出不一样的芬芳，与其说是喝茶，不如说是在品味被岁月这条河洗濯得愈加深厚纯粹的文化。

成都人管喝茶叫泡茶馆，这泡茶馆一要有闲，就是要有充足的时间，不急不躁，一杯茶喝了三遍都寡淡了依然谈兴正浓。第二要有心，如李元胜那首《我想和你虚度时光》的诗中所写，不急不躁，不烦不闹，不念柴米油盐的琐碎，不想人与人之间的疏离与漠然。在指掌之间托着精致的盖碗茶，轻轻刮一刮，把盖子斜斜地盖在杯子上，抿着嘴唇喝完了这一杯茶，就足够在这个红尘里打三个滚儿。

一杯茶喝尽了，从那被岁月包浆成酱油色的嘎吱嘎吱响的竹椅子上站起身，拍拍袖子继续走那条看不见尽头的路。

西藏酥油茶

没有喝过酥油茶，就不算到过青藏高原。

酥油茶，是藏族人民生活中必不可少的饮品，最早的记录是在1300多年前，大唐文成公主进藏和亲，随行带着茶叶，茶叶自此与西藏结缘。

传说，西藏地区有两个部落，分别是辖部落与怒部落，两部落因为械斗而结下了冤仇。多年后辖部落土司的女儿美梅措在劳动中与怒部落土司的儿子文顿巴相爱了，两个结了世仇的部落却容不下两个年轻人的爱情，辖部落的土司派人杀害了文顿巴，美梅措伤心欲绝，在文顿巴火葬仪式上，她跳进火海殉情。故事的结局总会寻找一个圆满，美梅措最后变成茶树上的茶叶，文顿巴则到了羌塘变成盐湖里的盐，每当藏族同胞打酥油茶时，茶和盐再次相遇，美梅措和文顿巴不离不弃的爱情也终于在故事里得到圆满。其实不论故事的真假，藏族人民对酥油茶的喜爱却是不言而喻的，酥油茶，就如爱情一样，成为了人们生活中不可缺少的一部分。

外地的旅客到西藏第一次品尝酥油茶，可能会难以接受那种略带膻腥的味道，若是你在雪山下走一遭，去听一听流浪歌手打着手鼓的歌唱，去大昭寺的酥油灯下虔诚地跪拜，回来喝上一碗热腾腾的酥油茶，便足以让那颗躁动的心沉静下来。

一千多年前，藏医学家宇妥·云丹贡布在他所著的《四部医典》中就讲到了酥油茶的功效，"新鲜酥油凉而能强筋，能生泽力又除赤巴热"，意思是说新鲜酥油润泽气血，充沛精力，使皮肤不粗裂，还能治疗黏液及发热性疾病。认为酥油可"益智增热力"，"千般效用延年称上品"，"可增强人的体力及延长寿命"，"人们日常饮食靠油类，体内供热内脏可洁净。体质即补气力容颜添，五官坚固长寿到百年"。一直到现在，藏医学认为，在高寒缺氧环境下多喝酥油茶能增强体质，滋润肠胃，和脾温中，润泽气色，精力充沛。酥油茶能产生很高的热量，喝后能御寒，是很适合高寒地区的一种饮料。记得一位常年行走在西藏的拉飘曾对我说，没有喝过酥油茶，就不算到过青藏高原。外地人初喝酥油茶，第一口异味难耐，第二口醇香流芳，第三口永世不忘。

在藏族人民的口中，酥油茶前面会加一个"打"字，这个字让酥油茶带有一种粗犷与质朴。茶砖不管是在蒙古草原还是西藏的雪山脚下，都是作为茶最基本的储存方式，虽然粗粝，但与酥油的细腻混搭，却是那样完美而契合。

在西藏牧区，牧民们依然采用传统的方法提炼酥油。每年的七、八、九月份，是打酥油的季节。这时候青藏高原草肥水美，气候宜人，膘肥体壮的母畜都到了产奶的旺季，所以家家户户都开始打酥油。远远地还未走近毡房，便会听到紧锣密鼓的敲击声，那就是我们纯朴的藏族同胞在忙碌着。

若这时候你来到这里，就会看到那辽阔无垠的草原上，灿烂的阳光洒满了牧场，牛羊散布其中，远远望去，雪白的羊群似片片云朵，在青翠的草地上飘来荡去，你是否也会为此沉醉呢？此时，穿着藏族服饰的妇女们正在帐篷周围，一边说着笑着，一边打酥油，间或还会唱起动听的歌儿。

打酥油者将牛奶或者羊奶加热晾凉后倒入圆形木桶中，桶中装有与内口径大小一样的圆盖，中心竖立木柄，下方装有一个十字形圆盘，打酥油者紧握木柄上下捣动使圆盘在鲜奶中来回撞击，直到油水分离。这种木桶在当地叫"雪董"，就是专用来提炼酥油的，家家都有，有的"雪董"用了数十年，已经有了一种暗红色包浆一般，用手摸上去带着一种粗糙的温润，我想，那应该就是岁月的痕迹。

一般的家用"雪董"高约1米，直径在0.5米左右，打酥油是个力气活儿，要来回搅动数百次，搅得奶汁和油水慢慢地分离，上面浮起一层黄色的脂肪质。这时候就可以将这层脂肪质舀起来，灌进皮口袋中，冷却后便成酥油。每百斤奶可提取五六斤酥油，所以，酥油对于藏族人民来说是珍贵的食物，酥油茶更是用来招待尊贵客人的上好饮品。

打好酥油，接下来制作酥油茶的步骤就简单得多了，先将砖茶敲成小块，投入锅中熬煮成浓浓的茶汁，过滤茶叶，把茶水倒入"董莫"(酥油茶桶)，再放入酥油和食盐，用力将"甲洛"上下来回抽几十下，搅得油茶交融，倒进锅里加热，便成了喷香可口的酥油茶了。

据说，喝酥油茶也是有规矩的，主人斟上的酥油茶不能一口喝干，要一边喝一边斟，所以客人的茶碗总是斟满的。当客人被让坐到藏式方桌边时，主人便会拿过一只木碗放到客人面前，提起酥油茶壶，摇晃几下，给客人倒上满碗酥油茶。这时候可千万不能着急，刚倒出来的酥油茶，是不可以马上喝的，而是先和主人聊天。等主人再次提着酥油茶壶站到客人跟前的时候，客人方可以端起碗来，先在酥油碗里轻轻地吹一圈，将浮在茶上的油花吹开，然后呷上一口，并赞美道："这酥油茶打得真好，油和茶分都分不开。"当客人把碗放回桌上，主人便再给添满。若是你不想再喝，就不要动斟满了酥油茶的碗；若是喝了一半，不想再喝了，主人把碗添满，你就任其摆着就好。在准备告辞时，可以连着多喝几口，但不能喝干，碗里要留点漂油花的茶底。

虽然我没有去过西藏，但在各种文学作品中总是会嗅到酥油茶的醇香，青稞酒的清冽，这时仿佛我们在西藏澄澈的天空下走过一般，藏族人民那淳朴的笑脸，让人再也不愿离开。

西藏，等我，与你相约一碗酥油茶，不见不散！

吴江熏豆茶

端起这一碗熏豆茶，吃的是茶，品咂出的却是文化的味道。

"秋分"刚过，便有江南的朋友邀请我去做客。正好这些日子闲着，我收拾了几件行李便上路了。

到达吴江的时候是下午三点，虽然我已有些饥肠辘辘，但是数个小时的颠簸，却也真的是吃不下什么精美的肴馔。下车之后，朋友把我大件小件的行李安排好，邀请我去家中吃熏豆茶。

在吴江方言里，最有趣的一点是吃什么都可以用"吃"字，吃饭、吃酒、吃茶、吃香烟，所以当朋友说去吃茶的时候，竟然有种古香古色的味儿，这在别处是很少见的。不过，当一碗熏豆茶端到面前的时候，我确信，这茶确实是要吃的，里面只有少量的茶叶，碧青的茶汤上浮着如翡翠珠儿一般的豆子，其间还点缀着一粒一粒的白芝麻、黑豆腐干、咸胡萝卜干，仔细再看，还有切成细丝的腌橘子皮，朋友说那叫陈皮。我笑着说："这个茶是要用调羹舀来吃的吧。"熏豆茶碗端在手里，香味扑鼻而来，颜色也是鲜艳夺目，三两口吃下去，正好把旅途的困顿疲累一扫而光。

半生已过，我在江南塞北都留下了深深浅浅的足迹，各地的美味小吃也品尝了不少，但是这道熏豆茶的味道还是吸引了我，不但想品其味，也想溯其源。朋友神秘地笑着说："这茶的精髓，不是茶，而是其中的熏豆儿，这可是我们这边的特色，家家都要做的，平日里自家吃，亲朋好友来了也是待客的点心。"我拽着朋友一直走到他家的后院，他的妻子是个四十多岁的中年女子，正笑呵呵地坐在芭蕉树下捡豆儿，碧青的毛豆颗粒饱满且整齐均匀，即将成熟。

说起熏豆茶的历史，博览群书的朋友开始引经据典，在清朝光绪年间的举人徐珂编撰的《清稗类钞·茗饮时食盐姜莱菔》有这样的记载："长沙茶肆，凡饮茶者既入座，茶博士即以小碟置盐姜、莱菔各一二片以饷客。又有以盐姜、豆子、芝麻置于中者，曰芝麻豆子茶。"其中的"莱菔"，就是我们常吃的萝卜。由此看来，这个"芝麻豆子茶"算得上是我们今天熏豆茶的鼻祖吧。其实，在小说《金瓶梅》里也出现过这样的吃茶故事，也能大约看出熏豆茶的影子。

做熏豆茶，茶叶并不是主要的材料，而里面被称为"茶果果"的配料需要细致地准备，这个过程就像是女子绣花一般，急不得躁不得。毛豆要一粒一粒地剥出来清洗干净，经过剥、煮、淘、烘等多种工序加工而成，再将其放入密闭干燥的器皿中储藏备用。朋友的妻子笑着给我介绍，还起身从旁边的储藏室里捧出几个玻璃瓶给我看，瓶里装着做熏豆茶的各种佐料，一个里面是熏豆儿，颜色翠绿，一个里面装着自家晒好的切成细丝的暗红色橙皮，一个是炒好的芝麻，还有一个是装着异香扑鼻的"卜子"，是学名叫紫苏的一味中药。朋友说这几味都得准备好，其他的配料比如丁香萝卜干和黑豆干都是泡茶的时候准备就行。

打开装熏豆儿的瓶子，倒出几粒，捏在手里有一股淡淡的香味儿，我拿起一粒咬在口中，有点筋道有点咸香，与平日里吃的豆是截然不同的味道。朋友说，一般做熏豆儿选用的是"秋分"之后"寒露"之前的毛豆正适合，这时候的豆荚成熟了，还不会太老。豆荚摘下来剥去皮后，把青毛豆肉放在锅里用开水煮熟，捞掉豆衣，晾干后摊在铁丝网的筛子上，用炭火焙烘，火不能大，以文火为宜，且要不断翻拌筛内烘豆，经五个小时左右的熏烘，青豆水分蒸发微硬，即成"熏豆儿"。看着眼前的"熏豆儿"色泽碧绿如翡翠，谁能想到一粒儿豆子经历了这样的无情水火呢。然后再将水煮火熏的豆子储藏于密闭的罐内，这样可以隔年不坏。陈皮也都是自家做成，不过也有买药铺子里的九制陈皮，只是味道略有差别。

在吴江以及周边地区都有吃熏豆茶的习惯，家家户户的熏豆茶味道大同小异，可以根据自己的口味去调整，但有一点是相同的，那就是做熏豆茶一定不能沾到油荤，否则茶汤浑浊了，也就失去了"熏豆茶"的清新爽口的口感了。

一般的熏豆茶，以烘豆为主，绿茶为辅，再佐以其他"茶果果"。要先将细茶放入茶盅，用滚开水冲泡，再投进去三四十粒熏豆；也有的把茶叶和熏豆同时放进茶盅，再用开水冲泡，依次加入其他配料，这时候茶叶和熏豆在盅内随着茶汤翻浮飘荡，片刻之后，都渐渐沉于盅底，这时便可端起来细细品尝了。在吴江，熏豆儿、白芝麻、紫苏、陈皮、丁香萝卜丁儿这五样"茶果果"可以算是熏豆茶的标配了，不过各家都有各家的味儿，有的喜欢加上一点卤好的豆腐干，有的喜欢加入一点腌桂花、扁笋尖儿，总之，在这碗茶里，唱主角的不再是茶叶，而是各种可以吃到口中的美味"茶果果"。

在吴江住了几日，就吃了几日的熏豆茶，细细想来，一碗熏豆茶虽然无从知晓到底发端于何年何月何朝代，但至少已有一千多年了，人们将花、果、笋、豆入茶的茶俗在熏豆茶里也完整地保存下来。

端起这一碗熏豆茶，吃的是茶，品咂出的却是文化的味道。

海南老爸茶

　　老爸茶是带有历史风情的茶点，它在今日步履匆匆的城市里保留了一份西式的悠然与闲适，只是，这份闲适总是与这个匆匆忙忙的社会有着一点矛盾，若仔细去看，茶馆里喝老爸茶的老人们，眸子里总会带有一种淡淡的惆怅与寂寞。

　　海南的"老爸茶"可以算得上是最有烟火味的茶了，陈旧的桌凳，一杯茶，红茶绿茶不重要，甚至一杯自己带来的菊花茶也行。再加上一碟子花生，一碟子最朴素的小面包，两三个穿着质朴随意的老爸老妈子们便可以在茶馆里过得这大半日，茶馆也因此带出了一股岁月流逝的斑驳。

　　走在海口的街头巷尾，常常会见到一些店面很小的茶铺，没什么装修，简简单单，十几条板凳，几张小桌子，店里面卖的茶也都是普通甚至廉价的茶，顾客一般都是上了年纪的老爸老妈子们，年轻人是很少去的，所以这里的茶被称为"老爸茶"。

　　"老爸茶"的店里很少见到高档茶的影子，基本都是普通的茉莉花茶、绿茶、红茶、末子茶，这些与高雅是扯不上几分干系的，但是这茶却喝的悠闲而自在，上了年纪的老人家在这里度过了漫长而舒适的下午时光。

　　在这里，"甜茶"是唱主角的，因为地道的海南本地茶客在老爸茶店里喝茶时，并不太喜欢点品质较高的龙井或者碧螺春之类茶叶泡制的茶，他们最为喜欢的是带有甜味的茶，甚至冲泡红茶时都会加上一些糖。茶店的这些经营内容以及茶客的习惯，都与海南的历史、海南的归侨、海南的生活习俗有着密不可分的联系。

若你能静下心来，那些悠闲自在的老爸老妈们会跟你讲讲过去的故事，说一说多年前海南的西餐厅，说一说骑楼的繁华过往。若是能遇见个老派的掌柜，他会给你端上一杯香气扑鼻的茉莉花茶，或许还能给赶了许多路的你递过一条热毛巾。在20世纪初期，海口拆城扩街，从南洋各国回来的华侨陆续在中山路、长堤路、得胜沙等建起了骑楼，这一区域的商贸业也急速地发展起来。华侨们带回来的不仅仅是先进的资本，还将他们在东南亚一带养成的生活习惯带了回来。在热闹的骑楼街道边，一些西式的茶店开始出现，其经营者多为华侨的亲属，这些店的地点多设在中山路、得胜沙、博爱路等比较繁华的地带，给海南的老街道填上了几丝异域风情。

我曾经遇见过一位住在得胜沙的吴阿婆，她说解放前的西式茶店不是普通老百姓能进去的，里面的服务员多身穿旗袍，十分优雅，茶店里的服务也十分周到，甚至还有热毛巾可擦手。据老人们回忆，当时的茶店里经营的主要是咖啡、红茶、牛奶、咖啡奶、红茶奶、阿华田和可可以及各式糕点等。店里设有专门的茶师及点心师，这些师傅多是东南亚一带的归侨，他们带回了专门的制作方法。比如咖啡豆都是由茶师亲自炒，茶也是由茶师们亲自冲制，而各式各样的糕点也是点心师制作的。当年炒制咖啡时，香味能在骑楼的小街上飘出好远，那时一般都是收入不错的人才可以进入这些茶店内聊天喝茶。

时光荏苒，岁月无痕，慢慢地，那些西式的茶店退出了历史舞台，而这种喝茶的方式却潜移默化地保存了下来，成为海南人的生活习惯，这就是"老爸茶"的前身。"老爸茶"是带有历史风情的茶点，在今日步履匆匆的城市里保留了一份西式的悠然与闲适，只是，这份闲适总是与这个匆匆忙忙的社会有着一点矛盾，若仔细去看，茶馆里喝茶的多是老人，他们的眸子里总是会带有一种淡淡的惆怅与寂寞。

　　有人说，"老爸茶"是海口茶文化的一大特色，不知道为什么，吃完"老爸茶"后，我却总有一种说不出的愧疚，父母渐渐老去，我却不能侍茶在身侧。若有时间，那就多陪一陪老爸老妈，喝一杯茶，吃一块点心，过一段慢时光，有亲情的茶，才对得住那甜味儿。

第七章
兰陵美酒郁金香——10道色味俱佳酿奇珍

兰陵美酒郁金香，
玉碗盛来琥珀光。
但使主人能醉客，
不知何处是他乡。

——李白《客中行》

诏安青梅酒

青梅酒是一种女儿酒，虽然度数不高，却依然醉人，如同那"郎骑竹马来，绕床弄青梅"的诗句，带着些纯真无邪，也带着甜美浪漫。

诏安是中国的青梅之乡，诏安的青梅酒也是闻名全国。

青梅酒是一种用青梅果堆积发酵酿制而成的果酒，口感醇厚，但是由于生产设备和过滤设备的落后，这种工艺生产出来的青梅酒口感独特，却不易保存，沉淀问题也不易解决，所以现在我们喝到的青梅酒还是用新鲜的青梅加入米酒或者黄酒泡制而成，口味绵软，而且可以生津止咳，敛肺涩肠，清热解暑，每日饮下一小盅青梅酒，对身体是有好处的。

在史学家的眼中，青梅酒具有悠久的历史，深远的文化内涵。在《三国志》中就有记载：建安5年，刘备"学圃于许田，以为韬晦之计"，曹操以青梅煮酒相邀刘备共论天下英雄，青梅酒及其"青梅煮酒论英雄"的典故由此见于史书。不过我更喜欢另一个说法，就是青梅酒是一种女儿酒，虽然度数不高，却依然醉人，如同那"郎骑竹马来，绕床弄青梅"的诗句，带着纯真无邪，也带着甜美浪漫。

写文之后，我认识了很多天南海北的朋友，淑媛就是诏安的女子，所以我有幸喝到了正宗的青梅酒。微醺之后，竟然突发奇想，想自己做青梅酒，我把想法告诉淑媛之后，她笑着说：只是已经错过了做青梅酒的最佳时期，只好再等一年了，不如来年四月相约诏安吧。"

　　期待的日子总是过得飞快，四月，我如约而至，刚刚过了清明节，梅子还未成熟，但这时却是做青梅酒的最佳时期。漫步梅林，翠绿的梅子娇嫩欲滴，捏在手里，一股子带着酸味的清香直冲脑门。青梅成熟采摘的日子在四月到五月之间，而做青梅酒的梅子则是要用未完全成熟的为好，所以每年到了四五月份，诏安的大街小巷里，家家户户都摆着一篓一篓的青梅在卖。淑媛说："在诏安，家家都是要做青梅酒的。"

　　其实，我一直很喜欢"青梅"这个词，它总是让人忍不住想起"青梅竹马"四个字，虽然那种带着青涩纯真的小情调，早已经不是我这个年龄的人去想的事了，但是不妨碍我喜欢这四个字后面的那些故事。我也不愿意让"青梅煮酒"四个字沾染那些政客之间勾心斗角的风尘，所以杜撰出一段来自江南的韵致。结满梅子的树下，阳光徽弱，绿衣罗裙的女子，眉目舒朗，纤细的指尖，轻挑素琴。身侧，小火炉温一壶酒，碧青的梅子摆在青瓷白底的盘子里。年少的女子朱唇轻启，便是一段婉转的吴侬软语。陌上，繁花，风流倜傥的公子恰到好处地转身，折扇轻摇之间，便是神动魄摇，莫道如初见，其实旧相逢。

　　在淑媛家的小院子里，我们把翠绿的梅子倒进盆里仔细地清洗，淑媛的小侄儿刚刚六岁，也饶有兴趣地跟着掺和，还不时问我："你做过吗？"我装作老手一般，胸有成竹地说："做过呢，没有你的时候做过很多次！"我们将青梅洗干净之后捞出来，放在竹编的小筛子里控着水。将数个大玻璃瓶也洗干净，拿吹风机吹干后把玛瑙般的梅子一颗一颗摆在瓶子底，加入一把剥了皮的杏仁，米酒徐徐注入瓶里，然后把瓶口用力拧紧，放在眼前的桌子上。另一瓶加入了用我们的济南泉水酿成的百脉泉，我们将两瓶酒并排放在桌子上，仿佛完成一项大工程。我长嘘一口气，跟小孩子围着桌子看那些青色的梅子在清澈的酒液里沉沉浮浮，心里竟然有一种很欢喜的成就感，我竟然在梅子之乡，用诏安的梅子泡制一瓶属于我的青梅酒，寻思着再过几周就可以喝了吧。

　　"然后呢？"小孩子问我。

　　"然后呀？过段日子就可以喝了呀。"我欢快地告诉他。

　　小孩子失望地嘬着小嘴巴转身离去，我笑了，是啊，不管是大人还是孩子，都希望有个完美的然后。然后郎情妾意，然后执子之手与子偕老，大抵都是希望如此。可是，这个然后往往是孔雀东南飞，一步一徘徊，你是山巅白云，我是涧底苍苔，只能把你忘了，然后寻一个世俗的女子或者男子，走完尘世里的几十年，因为生活不是可以生长爱情的土壤，柴米油盐、人情世故更不是可以滋养浪漫的原乡，有些东西在这个尘世里是容不得的。所以两两相忘倒是最好的结局，即便是忘不了，最终也不过是你为锦瑟我为流年，念着你的影子，终老一生。

转眼我从诏安回来一月有余了，淑媛问我青梅酒怎么样了，我急忙打开橱柜，看从诏安抱回来的两大瓶子青梅酒，青梅青翠依旧，酒液竟然成了淡淡的金黄色，看着那些金黄的颜色着实可爱。我寻了个下雨的晚上，给自己倒了一小杯，洗了几粒淡黄色的杏子，切了几块粉红的西瓜，找个小盘子盛了放在眼前，细细地抿一口青梅酒，入口依然是辛辣的，只是入喉之后有一丝清香，清香之余少了几分苦涩。

听着雨声淅淅沥沥，翻着手边的饮水词，慢慢地我便喝尽了杯中酒，倚在床上，打开窗户，放了些雨丝进来，一些书中的故事，开始在我的脑子里杜撰开来。明日，是不是也该给淑媛邮寄一瓶青梅酒呢？南方的青梅邂逅北方的烈酒，生出的却是一缕极其温柔的味道，想来，她定然是喜欢的。

西藏青稞酒

在藏族人之间流传着这样一句笑话："喝酒不唱祝酒歌，便是驴子喝水。"谁来敬酒，谁就要唱歌。

除那纯朴的藏族小伙和姑娘，从来没有哪一个民族能把祝酒歌唱得如此丰富。

面对好客的主人，面对馥郁浓香的青稞酒，面对高原的雪山和明澈得如宝石一般的天空，我知道我醉了，醉在酒里，也醉在西藏这片圣洁的天地之间。

进藏之前，我是滴酒不沾的，朋友笑我说，在西藏，若你能抵御得了青稞酒的诱惑，那才是真的大罗神仙了。当时我摇头不信，没想到进藏之后，我竟然爱上了这雪域的青稞酒，没有汉族人引以为豪的白酒的辛辣，也没有酒后宿醉的疲乏，青稞酒只会让你浅醉微醺，身心通泰。

青稞酒是西藏的特产，它在藏语里叫做"羌"，这让人不由得联想到一个古老的民族——羌族。羌族聚居区处于青藏高原的东部边缘，这里山脉重重，地势陡峭，羌族人居住的寨子一般建在半山腰上，故而羌族被称为"云朵中的民族"。

羌族人能歌善舞，拥有比较成熟的属于自己的语言体系，羌人不论男女老幼皆喜饮酒，但从不酒后滋事。羌族人民以高山特有作物青稞为主料，加入大麦、小麦、玉米精心酿制出一坛坛的青稞酒。古人有诗赞曰："万颗明珠一坛收，王侯将相都低头。双手抱定朝天柱，吸得黄河水倒流。"民间更是有"岷江边上酿咂酒""杆杆的酒里找黄河"的歌儿传唱。在青稞生长的西藏地区，青稞酒的酿造工艺也日臻成熟，时至今日，被称为"羌"的青稞酒与哈达、酥油茶组成了当地文化的典型代表。

在西藏，青稞酒是人们最喜欢喝的酒，逢年过节要喝，迎亲嫁女要喝，亲友造访更是必不可少。酿造青稞酒的程序简便易行，家家户户都能酿制。我们一行人来得刚刚好，拜访的这户人家的主妇正巧要做青稞酒。

要做好青稞酒，首先要选用颗粒饱满、富有光泽的上等青稞，经淘洗干净后，用水浸泡一夜，青稞的粒儿吸饱了水分，胀大了很多。然后将浸泡好的青稞摊放在大平底锅中，加入多于青稞三分之二容量的水烧煮，大约两小时后，用手捏一下，若是烂熟，就可以起锅将煮熟的青稞捞出。干练的主妇把煮熟的青稞稍晾一下，去除水汽后，开始一把一把地把发酵的曲饼研磨成粉末均匀地撒上去，并用长长的木筷子搅动，最后封装进坛子储存。如果气温高，两天之后就可以喝到绵软清甜的青稞酒了。

青稞酒色微黄，酸中带甜，有"藏式啤酒"之称，是藏族群众生活中不可缺少的饮料。藏族人民在敬酒、喝酒时也有不少规矩。在逢年过节等喜庆日子饮酒时，家家都会拿出收藏的银制酒壶、酒杯。在敬酒之前，主人会先在壶嘴上和杯口边上粘一小点酥油，这叫"嘎尔坚"，意思是洁白的装饰。向客人敬头一杯酒时，客人应端起杯子，用右手无名指尖蘸上一点青稞酒，对空弹酒，这一动作要重复三次，之后主人就会向你敬"三口一杯"酒。三口一杯是连续喝三口，每喝一口，主人就给你添上一次酒，当添完第三次酒时，客人就要把这杯酒喝干。

都说藏族人民能歌善舞，以前都是耳听为虚，今日方眼见为实了，这里不但有传统祝酒歌，好客的主人还能现场随性编唱，曲调优美动人。在藏族人民之间流传着这样一句笑话："喝酒不唱祝酒歌，便是驴子喝水。"谁来敬酒，谁就要唱歌。唱完祝酒歌，喝酒的人必须一饮而尽。另外，主人招待完饭菜之后，要逐个儿给每个客人敬一大碗酒，只要是能喝酒的客人就不能谢绝喝这碗酒，饭后饮的这杯酒，叫作"饭后银碗酒"。据说在古代，敬这碗酒时，需要一个银制的大酒碗，但现在都用漂亮的大瓷碗代替了。

这一晚上，我们不知道自己喝了多少，即便是最不能喝酒的同我一起来的几个姐妹也都在这一碗一碗的青稞酒中醉醺醺了。第二日醒来，大家一点也没有宿醉之后的头疼恶心、浑身疲惫的感觉，只感觉是舒舒服服地睡了一觉，醒来神清气爽，我不由得在心里暗叹：怪不得青稞酒魂能在传承400年后依然兴盛不衰，被全国酿酒专家誉为"高原明珠、酒林奇葩"。

绍兴黄酒

中国黄酒以绍兴为最，绍兴黄酒唯女儿红为尊。

第一次喝黄酒，是在朋友的婚宴上，一坛子古香古色的酒搬上来的时候，周围喧闹的人群一下子寂静了下来。开封，倒酒，红艳艳的酒液带着馥郁的香气，一对新人的交杯酒喝得庄重而典雅，自此之后，两人执手相随，白头偕老。

朋友是绍兴人，这一坛子"女儿红"是她父母坐了一路火车带来的，父母在她出生之后就将"女儿红"装进花雕的坛子密封好，一直到女孩儿长大成亲的时候，他们才将"女儿红"从地窖里搬出来。

中国黄酒以绍兴为最，绍兴黄酒唯女儿红为尊。

在绍兴流传着这样一个故事：从前有一裁缝师傅，手艺高超，娶妻之后就想要个儿子来继承这份手艺。一日，裁缝发现妻子怀孕了，便兴冲冲地赶回家去，酿了几坛好酒，准备孩子降生的时候用来款待亲朋好友。十个月过去了，妻子临盆，却生了个女儿。在那个重男轻女的社会，裁缝师傅也不例外，他气恼万分，就将几坛酒埋在了后院桂花树底下，时间长了便忘记了。

岁月如梭，光阴似箭，女孩儿渐渐长大，生得聪明伶俐，居然把裁缝的手艺学得样样精通，还习得一手好绣花，大有青出于蓝而胜于蓝的趋势，裁缝店的生意也因此越来越兴隆。裁缝一看，生个女儿也真不错嘛！于是他决定把女儿嫁给自己最得意的徒弟，高高兴兴地给女儿办婚事。在成亲之日，裁缝师傅摆酒请客，他忽然想起了十几年前埋在桂花树底下的几坛酒，便挖出来请大家喝。结果一打开酒坛，香气扑鼻，色浓味醇，极为好喝。由于酒色储藏多年之后，红艳异常，于是，大家就把这种酒称为"女儿红"，又称"女儿酒"。

此后，十里八村的人家生了女儿，就酿酒埋藏，嫁女时就掘酒请客，在村里形成了风俗。连生男孩子时，家家户户也开始酿酒、埋酒，盼儿子中状元时庆贺饮用，所以这酒又叫"状元红"。"女儿红""状元红"都是经过长期储藏的陈年老酒，酒香浓郁，色泽宜人，人们都把这种酒当名贵的礼品来互相赠送。

在绍兴，传统的"女儿酒"酒坛是十分讲究的，往往在土坯时就塑出各种花卉、人物等图案，等烧制出窑后，再请画匠彩绘各种山水亭榭、飞禽走兽、仙鹤寿星、嫦娥奔月、八仙过海、龙凤呈祥等民间传说及戏曲故事。有的还要在画面上方题词或装饰图案，可填入"花好月圆""五世其昌""白首偕老""万事如意"等吉祥祝语，以寄寓对新婚夫妇的美好祝愿。这种酒坛被称为"花雕酒坛"。因为装入花雕酒坛，因此女儿酒又有了一个新的名称——花雕酒。

花雕酒存放时间可长达二十年左右，启封时，酒香扑鼻，满室芬芳。在绍兴，"花雕"成了当地人生儿生女的代名词。时至今日，若生了女儿，人们就会戏称"恭禧花雕进门"。在女孩儿成亲的婚礼上，新人喝交杯酒时，十分严肃认真，因为从此以后，新婚夫妻要风雨同舟，共同生活，这酒对人生赋予了一份特殊意义。当屋里一对新人喝交杯酒时，屋外闹房的亲友必须屏息静气，保持安静，这是绍兴婚嫁酒俗中又一独特之处。

时至今日，黄酒与啤酒、葡萄酒并称世界三大古酒，源于中国且唯中国有之最能代表黄酒特点的则要以绍兴黄酒为最，而绍兴黄酒中最有特色的当属"女儿酒"了。

绍兴酒业从春秋战国时期，历经秦、汉、唐、宋、元、明、清，经久不衰，并逐步发展成为绍兴的传统支柱产业之一，所以，绍兴自古以来，不论山区和平原，不论城镇与乡村，无处不酿酒，无处不酒家。在旧时，无论官宦之家、缙绅达士，还是市井小民、贫困百姓，都与酒结缘，酒成了绍兴人生产活动的重要内容，生活的必需之物。其实，绍兴黄酒是极适合女子饮用的，在《红楼梦》中第六十三回寿怡红群芳开夜宴中，众人就是品着一坛子绍兴黄酒来了一场极其有趣的占花名。

记得在鲁迅先生的文学作品中，那唯一穿着长衫在酒店里站着喝酒的孔乙己，让店小二来上一碟茴香豆，一杯酒，想来酒就是这醇香的绍兴黄酒吧。

一杯酒，成就一段好姻缘，一杯酒，写就一篇好故事，一杯酒渗透了人间情事冷暖寒凉，除了"女儿红"，我实在想不出还有什么比它更适合的了。

平阴玫瑰露酒

　　隙地生来万千枝，恰似红豆寄相思。玫瑰花放香如海，正是家家酒熟时。

　　玫瑰露酒，是一种属于小众的奢侈品。

　　玫瑰露酒源于唐代，在明朝1326年就有文献资料记载了玫瑰露酒的制作方法，酿酒历史甚久。但真正出现玫瑰露酒制作工艺的翔实记载据说是在《云南通志》中，清雍正二年，云南府已征有大量的课酒银。《昆明县志》记载，清道光二十一年，酿酒有"烧酒、黄酒、白酒数种"，并选用"麦、粱、黍、玉蜀黍"等谷物及玫瑰花为酿酒原料。清宣统三年，由毕姓糟坊独家酿造并经营"玫瑰酿酒"。在酒坊的门口立有一个锡制蜡烛充作售酒的招牌，被人们称"毕大蜡烛玫瑰酒"，玫瑰酒以特殊的酒质及芳香气味而脍炙人口，远销海内外。曾有人作诗文以记之："隙地生来万千枝，恰似红豆寄相思。玫瑰花放香如海，正是家家酒熟时。"这首诗就是当年平阴盛产玫瑰的真实写照。

　　山东省济南市平阴县素有"玫瑰之乡"的美誉，其酿制玫瑰露酒的工艺可追溯到光绪年间，平阴县城内的"积盛和"酒坊用鲜玫瑰花直接蒸酒，蒸出的玫瑰露酒醇香味美。民国时期，玫瑰露酒以其古老精纯的酿造工艺，芬芳怡人、甘甜可口的味道先后获德国莱比锡国际博览会金质奖章和奖状、巴拿马国际博览会银质奖章和奖状，在上流社会甚是流行，受到贵族名媛们的青睐。1938年6月，日军侵占县城后，"积盛和"酒缸被砸毁百余口，房屋被拆毁后修筑成炮楼，店铺纷纷关闭，玫瑰酒如昙花一现，从此便销声匿迹了。

在20世纪六七十年代，玫瑰酒不管是产量还是销量都很难与其他酒相提并论，只能独处一隅甘于寂寞。一直到了20世纪80年代，玫瑰酒再次走进了人们的生活。平阴玫瑰酒厂生产的翠屏山牌白玫瑰酒获山东省优质产品奖，平阴玫瑰园酿酒有限公司生产的玫瑰酒、玫瑰纯露、玫瑰坛子酒、鲜玫瑰花酒等系列产品成为女性朋友聚会休闲的佳酿。

平阴在玫瑰酒的制作工艺上采用"三元酿法"，在继承和发展"三元古酿法"基础上，酿制玫瑰香母酒、玫瑰醇母酒、玫瑰窖母酒 (简称"三元母酒")，季年递陈存放，经九轮羼兑，勾调而成玫瑰露酒。酿酒师们用这项古老工艺生产的每一瓶玫瑰露酒内均含有历年来母酒的成分和风味，因而酿制出的酒口感协调、花香厚润，体现了玫瑰酒的"百年酒色溢宗香"的酿酒境界。

玫瑰酒，仿佛从来就是属于女人，也只有女人才能品出其中的三分娇艳两分旖旎。

对玫瑰酒最惊艳的描述，莫过于张爱玲了，在《怨女》中，她不写上海市面的洋酒，却偏偏对这玫瑰烧酒饶有兴趣："打杂的打了酒来，老妈子送进来，又拿来一包冰糖，一包干玫瑰。他打开纸包，倒到酒瓶里，都结集在瓶颈。干枯的小玫瑰一个个丰艳起来，变成深红色。从来没听过酒可以使花复活。冰糖屑在花丛中漏下去，在绿阴阴的玻璃里缓缓往下飘。不久瓶底酒铺上一层雪，雪上有两瓣落花。"这样的玫瑰酒，惊艳，却带着一种说不出来的寂寞与哀怨。

民国时期又一才女石评梅，对玫瑰酒也是情有独钟，用简单的句子写下最隽永的爱："我愿永久这样陶醉，不要有醒的时候，把我一切烦恼都装在这小小杯里，让它随着那甘甜的玫瑰露流到我那创伤的心里。"

五月，玫瑰盛开的季节，我去了玫瑰之乡平阴县，平阴县盛产玫瑰的地方叫玫瑰镇，这个名字一念出来，竟然都觉得唇齿留香。晚上，多年不见的老友，开了一坛子玫瑰酒，她说这是七十多岁的老母亲采的玫瑰花骨朵，加了冰糖而泡制的，味道更绵软。回去的时候老友给我带了一坛子玫瑰酒，现如今这一切，我们仍记忆犹新，仿佛昨天我们才分别今天又相聚，其实，这中间已隔了二十年。

蒙古族马奶酒

"马逐水草，人仰潼酪"，这"潼酪"二字便指的是马奶酒。

年轻的女子遥望着远方，大漠茫茫，远山苍苍。

垂下头，看着眼前滚开的酸奶锅，年轻的女子突然发现，一滴一滴晶莹的水珠顺着锅盖流到了旁边的碗里，一股子异香扑鼻，她不由得端起碗来，轻轻啜了一口，味美，香甜，还有一种飘飘欲仙的、仿佛饮酒之后微醺的感觉。聪慧的女子不久便掌握了这种制作工艺，还制作出了简单的酿酒工具。

远方征战沙场的丈夫铁木真率领战士们回来，在大汗的庆典仪式上，女子献上自己酿成的美酒，成吉思汗与战士们一饮而尽，连声叫好。自此，奶酒被封为御膳酒，成为蒙古族接待宾客的必备佳酿。若是蒙古族朋友向您敬献哈达和奶酒时，便是迎接贵客的最高礼仪了。

马奶酒是用鲜马奶经过发酵变酸酿制而成的一种酒精含量很低的饮品，流行于整个草原，老少咸宜，所以，在草原上即便是女子也能捧起一碗马奶酒，一饮而尽。马奶酒在元朝曾被作为宫廷和贵族的主要饮料，史料中有"马逐水草，人仰潼酪"的文字记载，这"潼酪"二字便指的是马奶酒。

马奶酒是历史悠久的传统佳酿，具有性温、驱寒、舒筋、活血、健胃等功效。马奶酒传统的酿制方法主要采用撞击发酵法。据说最早是由于牧民在远行或迁徙时，为防饥渴，常把鲜奶装在皮囊中随身携带，由于他们整日骑马奔驰颠簸，使皮囊中的奶颤动撞击，变热发酵，成为甜、酸、辣兼具并有催眠作用的奶酒。

自此，聪慧的人们便逐步摸索出一套酿制奶酒的方法，即将鲜奶盛装在皮囊里，用特制的木棒反复搅动，使奶的温度在剧烈的动荡撞击中不断升高，最后发酵并产生分离，渣滓下沉，乳清上浮，便成为清香诱人的奶酒。除这种发酵法外，还有酿制烈性奶酒的蒸馏法。酿制马奶酒的季节一般都会选在水草丰美、牛肥马壮的夏秋之季，蒸馏法与酿制白酒的方法近似。把发酵的奶倒入锅中加热，锅上扣上一个无底的木桶，上面再放置一个冷却水盆，桶内悬挂一个小罐或在桶帮上做一个类似壶嘴的槽。待锅中的奶受热蒸发，蒸气上升遇冷凝结，滴入桶内的小罐或顺槽口流出桶外，便成奶酒。用这种蒸馏法酿制的奶酒，其度数要比直接发酵而成的奶酒高些，烈性的汉子们是很喜欢这种马奶酒的。若是将这头锅奶酒再反复蒸馏几次，度数还会逐次提高。

酿制好的马奶酒一般呈半透明状，"其色类白葡萄酒"，"味似融甘露，香疑酿醴泉"。不仅喝起来口感圆润、滑腻、酸甜、奶味芬芳，而且性温，具有驱寒、活血、舒筋、健胃等功效，深受蒙古族人民的喜爱，是他们日常生活及重大节日款待宾朋的佳肴。

数年前的秋天，我们一行人背着画夹踏上草原，带队的老师是地道的蒙古族汉子，他说，当你走进蒙古包后，便是蒙古族人的兄弟姐妹。一盘一盘的手把肉端上来，一碗一碗的马奶酒盛在光亮的金杯银碗中，主人托着长长的哈达，唱着动人的敬酒歌款款走来，那份深情，让你情不自禁接过银碗一饮而尽，同行的几个女同学虽然不胜酒力，却也在这样热情的氛围中痛饮了几杯。

此刻，我们脱剥了在城市里戴了许久的面具，不再虚伪，每个人都愿以诚相见。主人满腔热情，客人亦是相见时难别亦难，喝下一杯杯马奶酒后醉倒在这一望无际的大草原。

彝族鸡蛋酒

　　将刚做出来的鸡蛋酒捧在手里，暖煦煦的，喝一口，柔润鲜嫩，微麻，吃完清心提神，还能驱风除湿。

　　下班的时候，一场雨从我出单位的大门就开始下，一直把我淋到居住的小区门口，我全身都湿透了，虽然是夏天，也觉得阵阵寒意，胃里一阵一阵地抽搐。到达楼下的时候顺手给自己买了一瓶子米酒和四五个鸡蛋，淋了雨，吃鸡蛋酒是最适合的。这还是彝族姑娘阿加教给我的，第一次吃鸡蛋酒是她做给我吃的，到现在为止，我已经有十年的时间没有见到她了。

　　将炉子打开之后，找出一口小砂锅架在炉子上，把米酒倾倒进去，生姜去皮后切成薄薄的片儿扔进砂锅里，从橱柜大料盒子里找出两枚草果也扔进去，然后就在一旁等着，看着那小火苗舔着锅底，我的思绪也被拉回了十年前。

　　阿加是云南罗婺彝族人，白皙的脸蛋，长头发，不爱说话，却唱得一嗓子好听的曲儿，每次班里有活动的时候，阿加就会登台一展歌喉，只是下台来，她还是那个腼腆的彝族姑娘。那时候她穿绣花的衫子，不用任何化妆品，只是清水洗干净脸就好，也很少吃药，她说在老家罗婺，发烧感冒时喝上一碗鸡蛋酒就好了，根本不用吃什么感冒药。鸡蛋酒，我第一次听说它竟然有这样的功效，之后它在我的心里便埋下了几分神秘，这个鸡蛋酒到底是如何酿制的，总不能是鸡蛋加上酒曲去酿酒吧，想来都是不可思议。一直到我吃上鸡蛋酒才明白，其实鸡蛋酒并不是一种酒，而是一种用酒加上鸡蛋泡制的小吃。

　　大四考研的时候，我常常熬夜，落下了一个胃寒的毛病，从那时候开始，阿加开始为我做鸡蛋酒。她从夜市上买来一口米白色的电砂锅、一瓶米酒、一盒砂糖、几个鸡蛋、一块生姜，还从学校旁的中药房里买了点草果。阿加将买回的砂锅洗干净后就煮上了米酒，几片去皮捶扁的生姜和草果在滚开的米酒中浮浮沉沉。过一会儿后把火关掉，捞出生姜片和煮碎了的草果。两只鸡蛋打在碗里搅匀，徐徐地注入滚烫的米酒之中，瞬间，雪白的鸡蛋花就浮了上来，阿加拿竹筷子迅速地搅动着。这时的鸡蛋花如同盛开的一朵一朵的菊花，鲜艳夺目，再撒上一撮胡椒粉，搅匀后盛在碗里，酒香味扑鼻而来。

　　吃着鸡蛋酒，寒夜里竟然也不觉得冷了。阿加笑着说："鸡蛋酒在他们罗婺彝族寨子里可是用来招待贵客的，或者是生孩子的女人才能吃上鸡蛋酒来滋补调理。平日里也只有逢年过节的时候才能吃呢，家里要是常给小孩子吃鸡蛋酒会被人笑话的。"

　　我吃了大半年阿加做的鸡蛋酒，胃寒胃痛的毛病竟然痊愈了，一直到毕业与阿加分离，鸡蛋酒的做法我也学了个八九不离十。虽然阿加一直说她做的鸡蛋酒没有她们寨子里的鸡蛋酒好吃，因为她们用的米酒都是自家酿制的，鸡蛋也是在林子里散养的土鸡蛋。将刚做出来的鸡蛋酒捧在手里，暖煦煦的，喝一口，柔润鲜嫩，微麻，吃完清心提神，还能驱风除湿。若是在节日里，亲朋互相串门走访，一碗热腾腾的鸡蛋酒是必不可少的，不但能烘托出节日的祥和与欢乐，还能显示出主人的真挚与热诚。

　　思绪万千，锅里的米酒散发出浓郁的酒香味儿，我把姜片与草果捞出，打好鸡蛋后顺着碗边丝丝缕缕地倾倒下去，鸡蛋花儿不一会儿就翻腾上来了，再加入一点点盐，年纪大了不喜欢吃甜食了，倒是感觉这略咸的味儿与胡椒粉的辛辣更般配了。

　　喝下一碗鸡蛋酒，鼻尖上冒了汗，浑身舒坦得只想把自己扔在床上，此刻，我期盼着在梦里与阿加相见。

苗寨咂酒

清嘉庆李宗昉《黔记》载："咂酒，名重阳酒，以九月贮米于瓮而成，他日味劣。以草塞瓶颈，临饮注水平口，以通节小竹，插草内吸亡，视水容若干，征饮量。"

贵州省大方县北部由六个苗寨组成，故称此地"六寨苗"，因其服饰黑白分明，形同喜鹊，又称"喜鹊苗"。六寨苗人的咂酒，从酿酒到饮酒，都有着独特的趣味。一坛酒，几根细细竹管，从酒浓似金，到清淡爽口，这一喝，就是数代人繁衍生息、生死轮回最庄重的仪式。

苗寨咂酒其实是一种饮酒的风俗。饮用咂酒最后是要连酒渣一起吃进去的，"咂"即吸吮的意思，"咂酒"指借助一种竹管、藤枝或芦苇杆等管状物把酒从器皿中吸入杯或碗中饮用，或直接吸入口中。在清嘉庆年间李宗昉所撰的《黔记》就记载过："咂酒，名重阳酒，以九月贮米于瓮而成，他日味劣。以草塞瓶颈，临饮注水平口，以通节小竹，插草内吸亡，视水容若干，征饮量。"由此可见咂酒的饮法是颇有情趣的，而且咂酒饮到最后是要连酒渣一起吃掉的，俗称"连渣带水，一醉二饱"。这在其他民族中是从没见过的饮酒方式。

咂酒的酿制相比其他酒类粗犷得多。酿制咂酒的材料不用精米，而是选择苞谷、小麦、毛稗、草籽、红稗五种带壳的小杂粮，将其入大锅蒸熟，然后倒入竹篾内摊开扒散，再将酒药放入。这酒药是寨子里的姑娘们将当地草本、木本植物采集后配制而成，用天然纯净的酒药做出的咂酒就有了独特的味道。蒸熟的杂粮待冷却但还有些许余温的时候，将其舀进锅里，并洒上热水，加盖密封好后抬到楼上，捂热发酵，直至透顶。如果是在冬天，则必须用棉被盖在锅上，以起到增温的作用，发酵三天三夜。如果是在夏天，则只要两天三夜。发酵后找一个坛子，将杂粮一点一点地舀进坛子里，这就是咂酒的雏形。

三天以后，掺进同发酵好的酒槽等比例的水，使其汁槽分离。槽散为粒，珍珠般的粒子漂浮在上面，拨开珍珠，酒汁清醇，悠悠的酒香竟然还带着一丝甜甜的味儿。如果要酿制最纯正的咂酒，最好是用源自黑土的油砂水。七八月份时，最快密封一个星期后即可开坛饮用。一般年月，则需要一个月左右的时间，而冷天的成酒时间甚至长达三四个月之久。

在苗寨，凡是重大的节日，或着寨子里苗家人的婚丧嫁娶，都少不了咂酒，尤其是在丧事中，喝咂酒就显得尤为庄重，这也是六寨苗族一直沿袭下来的传统风俗习惯。家人去世，在上山前的那天晚上都会在堂屋的上下席各摆上一坛咂酒，并各插入两根通节的细竹竿。若家中去世的是男子，则姑妈家是主客，即坐在上席的是姑妈家和孝家的代表；若去世的是女子，则娘舅家是主客，即坐上席的是娘舅家和芦笙匠的代表。在他们四人喝过席上咂酒并示意允许之后，在场的其他人才可以由年长者先饮，然后再由左而右，依次轮转。这是六寨苗族的传统习俗，其意义主要是表示对客人的尊敬并增进亲朋好友彼此之间的感情。

咂酒，在漫长的发展历史中被赋予了浓厚的传奇色彩，在苗族人中一直流传着一个故事：清末太平天国翼王石达开与天王洪秀全因猜忌离开大队人马，领兵入黔，路过大方时，与六寨苗族同胞欢聚一堂共饮咂酒，酒兴高涨之时作诗一首："千颗明珠一瓮收，君王到此也低头，五岳抱住擎天柱，吸进黄河水倒流。"短短四句诗把喝咂酒的场景描绘得栩栩如生，"明珠"是指浮在酒水上的晶莹剔透的气泡，也叫缥蚁。而"低头"，是说低头咂饮之态。"五岳"与"擎天柱"则指双手扶住吸管，这酒喝得极其豪迈，此刻磊落男子跃然眼前，虽然终免不了血染沙场，却也是性情中人。

江南桂花酒

"带径锄绿野，留露酿黄花"，这诗句中的黄花，其实指的就是桂花。

小时候，中秋月明，摆上一盘月饼，一盘葡萄，一盘梨，全家老小团团围坐在一起，扬脸看那一轮银盆似的月。奶奶讲，嫦娥抱着玉兔儿也思念着人间的夫君，吴刚呢，还在桂花树下寂寞地坐着。奶奶讲故事讲累了，我们听着也累了，就吃月饼喝茶，小杯子里的桂花酒香气扑鼻，我却只能舔一点点，品尝过后，舌尖上会有一点点辣，一丝丝甜，一缕缕桂花的香。

桂花酒是奶奶自己泡制的，每年南方的表姨奶奶会给奶奶邮寄一大包桂花来，奶奶将桂花摊开在几个圆形的扁箩里晾晒在阳光下，桂花在阳光的照射下仿佛一大块的黄金，亮堂堂的，逼人的眼，那馥郁的香气会笼罩整个院子，数日都不会散去，院子里晒的衣服都会染上桂花的香味儿，奶奶说，这就是江南的味儿。后来，我才知道，奶奶年少时候在江南住过多年，早已把江南当作故乡。她用糯米粉加入雪花洋糖腌制成的桂花酱做桂花糕，桂花糕是正宗的南方糕点，奶奶做起来得心应手，吃完桂花糕，剩下的桂花就用来酿制桂花酒。

一坛子老酒，是爷爷从城里的老酒坊打回来的，一小包桂圆剥去壳只剩下扁圆的果肉，就像一枚一枚的金币，取一粒放入口中，甜蜜的味道沁人心脾。鲜红的枸杞子，后摊开在竹箅子上，红艳艳亮闪闪的，惹人喜爱，奶奶用洗干净的白棉布一遍一遍地擦拭。桂花也一样，奶奶将其放在小漏筛里，去梗后也用湿布擦去上面浮尘，开始装进陶罐子里，撒上白糖腌制桂花卤，一天一夜之后，桂花卤就腌制好了，浓郁的香气里带着一股甜味儿。奶奶找出很大的玻璃瓶开始依次装进白酒、枸杞子、桂圆肉和糖桂花，然后用草纸封好口，缠上一圈一圈的麻绳，接下来就是数着手指头算日子了。

三十天之后，桂花酒开封了，奶奶在碗上放置一个细密的小纱网子，将桂花酒倒入碗中，而桂花和枸杞子却被过滤出来。发酵之后的桂花酒酒液金黄，入喉绵软，下肚之后，一缕清香久久停留在唇齿之间。那时候，我们姐妹几个还是个小孩子，只能尝一点点，而家里的女人们却可以在中秋节的时候每人喝上一盅，喝完脸上红扑扑的，特别好看。至于剩下的桂花酒，就是奶奶享用了，一日一小杯，奶奶七十岁的时候依然皮肤白皙，走路腰杆儿挺直，我一直认为，那可能是桂花酒的神奇之处，有延年益寿的功效。

多年之后，我已非昨日少年，偶然路过常熟的齐梁古刹兴福寺，在那里才算是喝到了正宗的桂花酒。兴福寺中有一泉，名曰空心潭，泉水清冽，经年不竭。周围酒坊取当地有名的"王四酒家"酿制桂花酒的工艺，取空心潭中优质泉水，加入寺内那颗千年"唐桂"的花儿入酒，酿成了桂花酒。酿好的桂花酒色泽鲜艳，呈琥珀色，酒质香醇浓厚，入口带桂花香，回甘微甜，颇有特色，慢慢地，这里的酒就成了常熟桂花酒的典型代表，常熟人常常引以为傲，经常用此酒来招待远方的宾朋。

酿制桂花酒需要一个漫长的过程。白酒酿熟后要装甏伏酒，大约需要伏一到三年的时间，上市前，先采用当年的鲜桂花浸成桂花露，再掺入白酒，再次发酵酿成桂花酒。据说，当年晚清著名艺术家、政治家翁同龢在品尝了桂花酒之后赞不绝口，留下了"带径锄绿野，留露酿黄花"的佳句，这黄花就是指盛开的金黄色的桂花。

在乡下还流传着一种桂花稠酒的制作方法，这种方法是需要自家蒸米酿酒的，将酿好的米酒加入冰糖、蜂蜜和桂花，烧开后才可以喝，这种方法做成的酒酒质黏稠，味道甜美。这个桂花稠酒不但男人可以喝，女人和小孩子也是可以喝的，具有健胃、活血、止渴、润肺的功效，若是家中小孩儿春天里咳嗽，吃几次温热的桂花稠酒就好了，比吃药简单得多。

新疆葡萄酒

葡萄美酒夜光杯，

欲饮琵琶马上催。

醉卧沙场君莫笑，

古来征战几人回？

——唐·王翰《凉州词》

新疆吐鲁番的葡萄干名扬天下，黑加仑葡萄和红玫瑰葡萄味道醇正，说起葡萄干的品种大家都如数家珍，但很少有人能够喝到吐鲁番的葡萄酒。并不是说吐鲁番没有酿酒工艺，而是这个酿酒的天堂一直隐藏在天山脚下，也就是焉耆盆地。这里是新疆葡萄酒的主要产区，若隐在宅院深处的闺秀，虽出名门，却也不是轻易抛头露面的，若不是偶然相逢，恐怕也只能擦肩而过。

我对葡萄酒的印象，还停留在小时候吟诵的古诗中："葡萄美酒夜光杯，欲饮琵琶马上催，醉卧沙场君莫笑，古来征战几人回？"这时候的一杯葡萄酒，就带出了几分豪迈，几分悲壮。明月千里，大漠如雪，一杯绛紫色的葡萄酒，映着刚毅的脸庞。葡萄酒在此刻，竟然带有几分神秘的传奇色彩，几分无与伦比的尊贵。

年长之后，我对新疆葡萄酒的印象就逐渐地模糊了，因为在生活中，葡萄酒总是与西餐中锃明瓦亮的刀叉、优雅的餐巾、撒了胡椒粉的牛排联系在一起。超市里的葡萄酒除了张裕干红之类，都是来自于国外的酒庄，橡木桶泛出的都是异国的风韵，新疆的葡萄美酒是不是已经随着夜光杯的消遁而隐匿了呢。

八月，是去新疆最适合的季节，正是收获吐鲁番葡萄的季节，游客们可以去阴房里看新鲜的葡萄如何风干成葡萄干，去体会"早穿皮袄午穿纱，抱着火炉吃西瓜"的冰火两重天，还可以去喝一杯纯正的新疆葡萄酒。其实，在很多史料中都记载过，新疆也出产葡萄酒，而且新疆酿造葡萄酒的历史可以追溯到数千年之前。根据司马迁在《史记·大宛历传》中记载"宛左右以蒲萄为酒"可以看出，当时的大宛以及附近地区即新疆地域都已经盛产葡萄和葡萄酒了，古时将葡萄称为蒲陶或蒲桃，这一时期是在张骞出使西域之前。《汉书·西域传》又载："于阗国（今和田），有蒲陶诸果"，"且末有蒲陶诸果"，且末国在今且末县，离尼雅很近，可见古代新疆早期的园林业较集中在塔里木盆地，主要以葡萄而闻名于世。

那晚，在天山脚下，朋友敬我一杯葡萄酒，香味浓郁，色如丹朱，在灯光下如梦如幻。一碟子葡萄雪梨，让夜色缠绵而柔润，朋友说，明日去看那梦幻的庄园——焉耆盆地的葡萄园。

焉耆盆地北倚天山，光照充足，降雨量较少，无霜期长，土壤呈现出碱性，极为适合酿酒葡萄的生长，为高品质的葡萄酒提供了天然的生产基地，也正是如此，一群执着的酿酒人聚集在这里，他们始终坚守着"尊重自然，精细酿造"的酿酒理念。

今日，我要走过天塞酒庄，走过芳香庄园，去认识这样一群要把传说中的葡萄美酒呈现在世人面前的追梦人。

"好葡萄酒是种出来的"，新疆有了这样一块盛产优质葡萄的宝地，得天独厚的自然条件与当前引进的先进酿酒工艺相结合，想不酿出优质的葡萄酒都难。半个世纪过去了，以"乡都""芳香庄园""和硕特""瑞峰""国菲""元森""伯年"等为代表的一批新疆葡萄酒品牌先后获得中国驰名商标、新疆著名商标，它们也曾踏出国门，载誉归来，多次在国内外葡萄酒评酒大赛中获奖。

"一瓶好的葡萄酒，就是一个酒农耕耘的故事，也是酿酒师与阳光、风土、酒农生态和农业进行心灵对白的使者。"朋友告诉我这是一个把希望扎根在焉耆盆地的男子说的一句话，如今，这个男子坐在酒庄的一隅，看着一粒葡萄的生长发芽，一直到成为杯中的一抹嫣红，梦想，逐渐成真!

离开的时候，朋友在我的行李中装上了一瓶葡萄酒，四个醒目的字让我记忆犹新，那就是芳香庄园。

惠水黑糯米酒

凡事不可过，好酒也不可贪杯，虽然黑糯米酒酒精含量较低，但"后劲"却也足得很。

"色呈绛紫，剔透如琥珀，入喉温香，酸甜适口，男子可长精神，强身健体，女子可补气血，驻颜无双。"这一长串广告词行云流水一般从我口中说出来，沙发上的闺蜜笑得捂着嘴喘不过气来，她说，你若是不去做广告，真就是浪费了你这好口才。

摆在桌子上的三大瓶黑糯米酒都是我做的，是在单位的布依族阿姐的指点下做出来的，而且，在她品尝之后，她直接竖了个大拇指给我说："地道，你可以出徒了。"

黑糯米酒，是黄酒的一种，喝过一次，就会念念不忘。酒液色泽黑红，度数不高，但是营养丰富，尤其胜在口味独特，堪称酒王国中的黑珍珠。自打去年喝过阿姐带来的黑糯米酒，我就缠着她要学着做，没想到她竟然贴心地从老家惠水带来了地道的黑糯米和"酒药"。

黑糯米又称紫糯米，阿姐的家乡惠水县是中国黑糯米之乡，具有悠久的栽培历史。据《定番州志》记载，惠水的黑糯米从宋代起就成为地方官府向皇帝进贡的"贡米"，是御膳中的珍品。传说，首先发现黑糯米的是一位苗王，名叫黑阳大帝，人们为了纪念他，每年农历三月初三都要打黑糯米粑以示祭祀，这一习俗一直流传至今。而黑糯米酒的酿造工艺在1979年之前，一直是布依族人代代相传，秘而不宣的古老酿酒工艺，只有土生土长的布依族人才会酿制。

惠水的黑糯米味道纯正，蒸熟了出锅的时候，满屋子都是浓郁的米香味，我忍不住吃了一小碗加蜂蜜的糯米饭，阿姐说："若是这样吃呀，都不够做酒的哟。"阿姐将蒸熟的黑糯米用铲子打散后，摊在小竹扁箩里晾凉，黑糯米如一粒粒黑珍珠一般饱满晶亮。接下来就是把甜酒药拌入米饭中，这甜酒药据说是族人秘制的，成分都是从山上采集的草药配制而成，是布依族人传承至今的酿酒秘方。阿姐取出从超市购买的九江双蒸米酒，按照与黑糯米二比一的分量搅拌均匀装瓶封口，然后将其放在阴凉干燥的地方，剩下的活儿就是等，需要大约两个月的时间。

其实，也有一种时日简短的酿制黑糯米酒的办法，就是在煮熟的黑糯米里加入酒糟，使糯米自然发酵成为酒，大约三四天可以酿成糯米酒，但是这种方法酿的酒保存时间较短，要在几天里饮完，最主要的是味道差得远了。

当第一瓶黑糯米酒酿熟的时候，我激动得简直想要准备一次开封大典，先把师傅请上座，再把正在家里休假的闺蜜和她家三岁的娃娃一起请过来，切了一碟子西瓜，洗了一碟子水蜜桃，再来一碟子泡椒鸡爪。端起盛放黑糯米酒的酒杯，竟如捧着一块上好的玛瑙一般，晶莹剔透，香气优雅得醉人，喝一口，咽下去，舌底生津，回味绵长。看着我陶醉的样子，阿姐笑着说："或许你呀，上辈子就是我们布依族人家的女孩儿呢，第一次酿酒就像模像样的了。"

这黑糯米酒还有个名字叫"百药之长"，身子弱了，那就取一小杯黑糯米酒与鸡蛋、红糖同煮来吃，能补中益气，强健筋骨，防治神经衰弱、神思恍惚、头晕耳鸣、失眠、健忘等症状；若是与桂圆、荔枝、红枣、核桃、人参同煮来吃呢，有助阳壮力、滋补气血之功效，对治疗体质虚衰、元气降损、贫血等有疗效，所以说这黑糯米酒算得上是男女皆宜呢。在布依族的寨子里，若是产妇生了孩子，产后体弱，家中母亲便会拿出早就酿好的黑糯米酒，取出一杯，煮开之后打个蛋花或加入适量红糖给产妇喝，对产妇来说是很好的滋补。

不过，凡事不可过，好酒也不可贪杯，虽然黑糯米酒酒精含量较低，但"后劲"却也足得很。

第八章

花为肌骨玉为神——10道艳冠群芳鲜花馔

鲜花入馔，自古就有，汨罗江畔，屈夫子曾言"朝饮木兰之坠露兮，夕餐秋菊之落英"，有鲜花作伴，这饭菜自然增添了几分清雅。

袁子才躲在随园，沐浴焚香，不问世事，春制藤萝饼、玉兰糕，秋酿桂花酒、吃菊花羹，冬来村酿熟，过得一段逍遥自在的神仙日子。

苏州梅花糕

有一种江南小吃，模样可爱，状似梅花。某年，乾隆皇帝临幸江南，金口一开，这小吃从此有了名字：梅花糕！

江南的点心精巧细致，是北方难以企及的，尤其是苏州地区，更是精巧极致，哪怕是不起眼的路边小店的点心。

有一种江南小吃，模样可爱，状似梅花。某年春天，乾隆皇帝临幸江南，金口一开，这小吃从此有了名字：梅花糕！

五月的夜晚，苏州花香袭人，路边小小的店，雕花的门楣上，挂一盏红灯笼，暖暖的光晕笼罩着门外的矮几。白发苍苍的老大爷正麻利地在刚刚成形的梅花糕上撒金橘干、青红瓜丝、松子仁儿，一阵阵甜蜜的气味袭来，让排队的人儿垂涎欲滴。

原来梅花糕不是用梅花做成的，我在一旁仔仔细细地看着矮几上一排排的原料，没有找到我想要的梅花朵儿。

苏州的朋友笑了，她告诉我梅花糕并不是用梅花做成的糕点，而是形似梅花，色泽艳丽，味道香甜。这时候我才注意到，做梅花糕的平底锅上是五个圆形模具，是梅花的形状。在人们的印象中，梅花是高洁的，圆形的花瓣儿又是圆满的象征，所以梅花又被称为五福花。

由于一行人比较多，所以我们就一边欣赏着河边的景色，一边等着买梅花糕。卖梅花糕的大爷先递给我一只，笑呵呵地说："远道的都是客，姑娘优先吃一只梅花糕，生活圆圆满满哦。"

　　我高兴地接过来老大爷送给我的桂花糕，轻轻咬一小口，上面的圆子很糯，葡萄干很香，里面的豆沙很细，融化后有白砂糖的香气，再加上五颜六色的食材点缀，瞬间感觉到了幸福的滋味，愉悦着口中所有待放的味蕾。

　　刚出炉的梅花糕，呈金黄色，形如梅花，松软可口，入口即化，但是上面的金橘干、松子仁儿、青红瓜丝、葡萄干儿却很有嚼头，或者酥脆，或者筋道，一口下去真是百种香甜、万种滋味。做梅花糕的大爷翘着白胡子笑呵呵地看着我们说："慢慢吃，慢慢吃，这梅花糕可不能吃得太急了，得细细地品尝，当年啊，乾隆皇帝就吃过我祖上的梅花糕呢。"

　　每一道美食的背后都会有一段故事，据说梅花糕源于明朝，到清朝时就已经成为江南地区最著名的汉族特色糕类小吃。乾隆皇帝爱江南，多次临幸这江南的名山秀水，在史书中已经多有记载。相传，乾隆皇帝来江南时，遇见一路边小店，出售刚做出的点心，乾隆皇帝只见其形如梅花，色泽诱人，故买来品尝，点心入口甜而不腻、软脆适中，回味无穷，胜过宫廷御厨的御点百倍，于是乾隆皇帝便赐予身旁嫔妃品尝，嫔妃们也都拍手称快。龙颜大悦的乾隆皇帝得知美味尚未有名字，因其形如梅花，便欣然赐名梅花糕，流传至今。

　　做梅花糕的小店一般也会做海棠糕，其实梅花糕和海棠糕的做法是类似的，只是配料和形态上稍微有一点差异，均是选用上等面粉、酵粉和水拌成浆状，注入烤热的模具，放入豆沙、鲜肉、菜猪油、玫瑰等各种馅心，再注上面浆，撒上白糖、红绿瓜丝，用灼热的铁板盖在糕模上烤熟即成。吃的时候要趁热吃，但也不能急，将其装在一个小的纸杯子里，两手托着，慢慢地咬着吃。一路走来，常会遇见三三两两跟我们一样手里托着梅花糕的人走在大街上。

　　随着社会的发展，梅花糕馅心种类日渐多样，在继承了传统制作方法的同时有所创新，新品更适合现代人的口味，有豆沙、果酱、果仁等十几种配制方法，再加入小元宵、青红果、松子仁等，使其味道更加适合不同年龄段的消费者，怀旧的老人们吃传统口味，年轻人可以吃时尚的味道。

　　只是有一点点遗憾，这梅花糕是要趁热吃的，因此只能在当地品尝了。

董小宛鲜花糖露

从的四五月份开始采摘青梅，将其去核捣碎，准备腌制梅子酱。至入秋，桂花开时采摘桂花，糖露酿制而成要一整年的时间。漫长的时间里，酝酿的不仅仅是美味，也是执着与坚持。

《红楼梦》是一本小说，但若说是一本堪比袁子才《随园食单》的上好食谱，估计大家也没异议，我是大力举手赞同的。那各色糕点果子，各色煎炸蒸煮，自然是美味绝伦，单单在第六十回出场的玫瑰露，那"胭脂一样汁子"就惊艳得很。

同样，在《影梅庵忆语》里也曾提及董小宛制作的一种"鲜花糖露"：酿饴为露，和以盐梅，凡有色香花蕊，皆于初放时采渍之，经年香味、颜色不变，红鲜如摘。而花汁融液露中，入口喷鼻，奇香异艳，非复恒有。

以鲜花入馔，往往与女子有关，或者说与爱情有关。董小宛的董糖我不是很喜欢吃，小时候看她与才子冒辟疆的爱情故事，总觉得这个女子在为爱扑火，舍了自己托付于这个男子，为了他洗手作羹汤，为了他俯下身子讨好与他有关的一切，正如张爱玲笔下那个把自己低到尘埃中的女子，被爱情蒙上了一层淡淡的悲伤与无奈。

鲜花初放，这个女子便在花间徜徉，采来各色花朵儿，玉手纤纤，去除杂质后淘洗干净，将早就泡制好的梅子用盐卤，腌渍各色清香的花儿，经过岁月淘洗，吸收时光的温情。开封之日，以花汁融入花露中，入口绵柔，奇香异艳。从四五月份开始采摘青梅，将其去核捣碎，准备腌制梅子酱。至入秋，桂花开时采摘，糖露酿制而成要一整年的时间。在这漫长的时间里，酝酿的不仅仅是美味，也是执着与坚持。

　　入秋，女子将新鲜的桂花采摘之后去掉杂质，便开始用梅卤一遍一遍地淘洗，把淘洗后的桂花晾干，一层一层地铺在大缸中，撒上海盐，加入适量的梅卤，盖上塑料布，然后用大石块进行压制。用海盐对桂花进行第一道的处理是为了去掉桂花中的丹宁，祛除桂花本身的苦涩感，保留原有的香气。腌制半个月后，取掉压制的石块，此时，桂花含有的水分已经被腌制出来，需要对桂花进行再次淘洗。把桂花捞起后放入另一个大缸过滤，滤干后的桂花采用人工挑拣，除去杂质。将挑好后的桂花放入梅子酱中混合搅拌，置于室外，需要每天翻缸搅拌，腌制的时间越久越好，出缸时混入适量的梅卤分成小罐儿封存。经过漫长的一年十二个月，酿制而成的桂花糖露，就这样稳妥熨帖地被一枚朱红色的封腊封存在各色瓷瓶陶罐中。待到了你我手中的时候，小小瓷瓶，红泥封口，仿佛那是封存的一段岁月，让人不敢轻易地揭开。

　　不知道为什么，想起小时候吃过的桂花糖水，那也是从遥远的南方邮寄来的，也是一个秀丽清妍的女孩儿为了爱远离家乡的故事。只是，爱情终究会在岁月里改了旧时的模样，只有这一罐一罐的桂花糖露，悄悄地寻根溯源回到最初。

　　每一个女人都曾经为了爱，舍了自己，在岁月里淡了容颜，清瘦了肌骨，却在漫长的时光里酿造出一份恒久的甜蜜，这是多么深沉的爱。

云南鲜花饼

云南的鲜花饼曾深得乾隆皇帝的喜爱，并获得其钦点："以后祭神点心用玫瑰花饼，不必再奏请即可。"自此，这道云南小吃就连升三级，身份愈加尊贵起来。

家有小儿每次看历史书的时候，对清史总是不由得会多关注一下，关注点是乾隆皇帝，乾隆皇帝武能上马驰骋安天下，文能江南烟柳诵诗文，还对吃颇有研究，很多小吃都与乾隆皇帝有着千丝万缕的渊源，这一点深得十岁小儿的喜欢。

云南的鲜花饼也曾深得乾隆皇帝的喜爱，并获得其钦点："以后祭神点心用玫瑰花饼，不必再奏请即可。"自此，这道云南小吃就连升三级，身份愈加尊贵起来。

去过云南的人，看过大理的风花雪月，吃过建水的汽锅鸡，最后回来的时候手中都会或多或少地拎着几盒子云南鲜花饼，包装精致小巧，味道也清香甜美，玫瑰的味道估计是没有人不喜欢的。

据最早的史料记载，鲜花饼是在300多年前的清代，由一位制饼师傅创造出来的，他选取当地盛开的玫瑰加上雪花糖腌制成馅儿，外面做成油酥皮，雪白软糯，一口咬下去花香沁人，甜而不腻，玫瑰花特有的养颜美容功效更是受到当地女子的青睐，从而使得玫瑰饼广为流传。

后来，鲜花饼随着南来北往的商贾，从西南的昆明来到了北方的天津，而且大受欢迎。晚清时的《燕京岁时录》就曾这样记载："四月以玫瑰花为之者，谓之玫瑰饼。以藤萝花为之者，谓之藤萝饼。皆应时之食物也。"不过由此也可以看出，云南的鲜花饼其实是一种季节性的美食，因为食用玫瑰花的花期有限，而制作鲜花饼只能采用食用玫瑰花的花瓣作原料，其他的花儿是没有这个清甜幽香味道的，想来，这也是鲜花饼颇显珍贵的一个原因。随着鲜花饼名声大噪，经朝内官员的进贡，它一跃成为宫廷御膳房的御点，深得乾隆皇帝的喜爱，并获得其钦点："以后祭神点心用玫瑰花饼，不必再奏请即可。"

去年，我在云南亲自见识了一次鲜花饼的制作工艺。一家不大的店铺，外面是一排晶莹剔透的玻璃柜台，柜台上摆满了全国各地的甜点美食。操作间里穿着白衣、带着白帽子的女孩儿全副武装，只露出一双水汪汪的大眼睛，手底下的活儿干得麻利极了。女孩儿告诉我用来做馅料的食用玫瑰要在清晨太阳升起之前采摘，只用含苞欲放或者微微开放的玫瑰花，而且一定要在上午九点之前结束，因为九点之后，气温上升，鲜花香气散发，会影响玫瑰酱的口感。采摘之后的玫瑰去掉杂质迅速装入冷冻保鲜车送到鲜花加工厂进行后期加工，然后就是将新鲜的玫瑰花瓣儿加蜂蜜和白糖进行腌制，最后加入蒸熟的面粉搅匀成馅。

制作鲜花饼的饼皮是个技术活儿，要将面分成两种，一种是油皮，以面粉加水和成糊状，再加入精炼植物油和成面团饧在一旁，再用面粉与油酥和成酥皮，放置在一旁。片刻之后，油皮在外，酥皮在内，摊上玫瑰酱包好收口，摁平入烤箱。不用多久，鲜花饼就出炉了，新鲜出炉的鲜花饼酥软爽口，花香浓郁，沁人心脾。

科技的发展有时候会让很多古老的技艺逐渐消失，但有时候却也能为很多传统的制作工艺带来崭新的出路，甚至为之提供畅销的通道。比如鲜花饼，依托于互联网，让全国各地的人们都能品尝到这道节令性的美味。

不过这道小点心也是季节性的，每年的三月到九月才是制作鲜花饼的时间，过了这段时日的鲜花饼就是用腌好的玫瑰糖卤子当做馅儿的，这样的鲜花饼在云南只能被称为玫瑰饼，而不能叫做鲜花饼了。

老北京藤萝饼

清末的《燕京岁时记》中就曾这样记载："三月榆初钱时采而蒸之，合以糖面，谓之榆钱糕。以藤萝花为之者，谓之藤萝饼。皆应时之食物也。"

在北京，春天是要吃藤萝饼的，不然就辜负了那满街满巷的紫藤萝了。清末的《燕京岁时记》中就曾这样记载："三月榆初钱时采而蒸之，合以糖面，谓之榆钱糕。以藤萝花为之者，谓之藤萝饼。皆应时之食物也。"

每年春天，那些枝干道劲的紫藤萝早早地就挂满了一簇簇的花朵儿，远远看去，就像一片紫色的云朵儿，也有人说开得极盛的紫藤萝像是流光溢彩的瀑布，这让我想起小时候学的课文里就有这样一篇文章，题目就是紫藤萝瀑布。

藤萝饼是北京地区汉族群众的传统小吃，是老北京四季糕点之一。小时候街上的老奶奶常常会做一些京味小吃，也会念叨她年轻的时候在北京的日子。过去的北京人，讲究什么节令吃什么，这是不能乱的。每到春季，北京人都喜欢用花和面制作应时食品，这个时候就能吃到藤萝饼和玫瑰糕，而到了夏天，就要吃绿豆糕、茯苓夹饼。这些点心在老式饽饽铺所制糕点中亦称上选，尤其是藤萝糕，把花儿吃在口中，感觉自己一口一口吃下的就是香馥馥、暖意融融的春天。

藤萝这种花儿开起来的速度是惊人的。初春，阳光普照，那些静默了一冬天的新枝上就长出毛茸茸、翠绿色的花苞，一簇簇的，春风吹上几夜，花苞就一下子绽放了，这时候是采摘藤萝花的最好时间。

　　藤萝饼有店制、家制两种，店制以北京的老式饽饽铺为最佳，家制藤萝饼的配料比例会有所差异，但是味道也是大同小异，不过吃起来也都是满口藤萝花儿的馨香。藤萝饼的做法其实与玫瑰饼的做法类似，和面都要和两遍。油皮儿用面粉加白糖和成柔软的面团放一边饧着，酥皮依然在面粉中加入植物油调和，不过有的还喜欢加入猪板油，味道更淳朴厚重。下一步就是将藤萝花摘下来洗净后装在扁笸里控水，要控净了那些滴滴答答的水才好。不过要说技术含量最高的也是最关键的一点，要数熬糖了。我一直以为熬糖是项技术活儿，比如拔丝地瓜，我就从没熬得恰到好处过。做法是将锅内白糖加水融化后，加入饴糖，这时候要不停地搅动，小火一直熬制到可以拔出糖丝为止，再将过了萝的面粉和白油加入糖浆内，搅拌到糖馅细腻油润且不起疙瘩为止。这时候主角——一直晾着的藤萝花要上场了，将藤萝花倾入锅中，迅速搅拌，立即离火，这样做出的馅儿花香浓郁，而且不腻不塌。

　　藤萝饼宜小不宜大，大了就看着笨重了，没有卖相。制作时将面团揉成鸽子蛋大小的剂，按成扁圆形，包入酥面和馅料，先包成匀实的菊花顶儿，再轻轻摁扁放入烤盘内，放置在160度左右的烤炉中烤十分钟左右出炉即成。若是老饽饽铺子还会在中心点上一个圆整鲜亮的胭脂点，顿时就使得藤萝饼娇俏了许多。拿起藤萝饼，一口咬下去，香甜适口，酥松绵软。只见酥皮层层叠叠若上好的冰绡，里面的藤萝花馅儿散发着浓郁的花香味儿。

　　老北京人都知道，中山公园的藤萝饼是最地道的，就地取材，现吃现做，长美轩前面盛开的大片紫藤萝就是最生动的招牌。热乎乎刚出炉的藤萝饼，层层起酥，皮色洁白如雪，薄如蝉翼，稍一翻动，则层层白皮联翩而起，有如片片鹅毛，故称"翻毛"。想来，坐在一树繁花紫云之下，喝茶吃饼，听故事，要多风雅就有多风雅了。

洛阳牡丹糕

四海方无事，三秋大有年。

百生无此日，万寿愿齐天。

芍药和金鼎，茱萸插玳筵。

玉堂开右个，天乐动宫悬。

御柳疏秋景，城鸦拂曙烟。

无穷菊花节，长奉柏梁篇。

——王维《奉和圣制重阳节宰臣及群官上寿应制》

牡丹，国色天香，雍容华贵，被称为国花。在很多故事中，牡丹是一种风骨凛然的花儿，原来居于古都长安的牡丹，由于不从大唐女皇武则天冬天开放的号令，被贬菏泽邙山。当年的荒蛮之地，由于牡丹的到来，名扬四海。宋代大文豪欧阳修在《洛阳牡丹记》中曾写道："牡丹出丹州，延州，东出青州，南亦出越州，而出洛阳者，今为天下第一。"

常常看菜谱，我发现了一个很有意思的现象，就是国人擅吃，不管山中走兽，水底游鱼，还是云上飞鸟，甚至这天地之间的花草树木，只要有一线机会，都要拿来吃到腹中，哪怕并不是用来果腹，也要寻一个风雅的名号吃在口中。

花中之王的牡丹，虽然在花中是百花之王，但是也免不了成为餐桌上一道形美色俏的美味，比如洛阳的牡丹糕。牡丹的食用价值和药用价值早在两千多年前就已经被人们认识到了，商初的大臣伊尹，就是今天的洛阳伊川人，此人精通烹调之术，不但会做，还有理论来支撑。《吕氏春秋·本味篇》曾引用他的话，"菜之美者，昆仑之苹，嘉木之华（花）。"到了唐代，牡丹遍植洛阳城，牡丹盛开，花瓣儿丰腴，自然是不可浪费，所以用牡丹做成的菜肴日渐增多。诗人王维在《奉和圣制重阳节宰臣及群官上寿应制》中也曾提到以牡丹为食材的美味："芍药和金鼎，茱萸插玳筵。无穷菊花节，长奉柏梁篇。"这里所说的芍药，即木芍药，说的就是牡丹。

有一次我去大唐芙蓉园，恰逢牡丹盛开的季节，赏牡丹，吃美食，观看大唐盛世的历史故事，算是在古都穿越了一段时光。在吃过的美食中，牡丹糕尤其味美，选料为新鲜的牡丹花瓣儿，经多重工序精制而成，色泽艳丽，口味醇香，若寻根溯源，可追寻到大唐盛世。经过数代相传，已经成为洛阳独具代表性的糕点。

牡丹糕又叫天皇饼，据说发明牡丹糕的人就是当年的大唐女皇武则天，是她把牡丹罢黜皇城，也是她让牡丹用另一种方式出现在人们的餐桌上。据《隋唐佳话录》载，在牡丹盛开的季节，武则天率宫女游园观花，看着争奇斗艳的花儿，她心思一动，便命令宫女采下大量的各色花朵，回宫和米捣碎，蒸制成糕，将其取名"百花糕"，然后用这香糯可口的点心作为礼品分别赏赐群臣，后来此糕点在群臣间很受欢迎。宋代著名词人黄庭坚写的《渔家傲》中有"方猛省，无声三昧天皇饼"的句子，说的就是牡丹糕。还有一说法，相传是在武则天被发送长安感业寺削发为尼后，因思念旧人，便以牡丹花瓣为原料制成素饼，食之后味道非凡。几日后恰逢唐高宗相访，武则天就以饼传情，诉说相思之情，高宗皇帝不久便接她回宫，立为皇后。由于饼出自皇家之手，时人称此饼为天皇饼。又因此饼为武则天在寺中发明，后人认为它含有佛理，这牡丹糕就了一个佛教典故，成了洛阳寺庙中有名的素斋之一。

现在我们吃到的牡丹糕，是由中国烹饪大师以传统制作工艺稍加改良后的产品，是以豆类粉替代小麦粉为主料，再配以精选豌豆、红小豆、红枣、吉士粉等材料，加上精心泡制的牡丹花瓣做成的馅心烤制而成。饼形呈牡丹花状，口感也由传统点心的干、酥、脆、硬变得酥、松、绵、软，老少皆宜，更适合现代人的口味。

在另一处牡丹圣地山东菏泽，牡丹糕也成了当地的特产，菏泽的朋友送给我几盒，分吃后感觉就是包装精美、口味时尚的点心。我想，有时候改良是一种迎合，虽然有了市场，却丢失了韵味。

槐叶冷淘如碧玉

青青高槐叶，采掇付中厨。

新面来近市，汁滓宛相俱。

入鼎资过熟，加餐愁欲无。

碧鲜俱照箸，香饭兼苞芦。

经齿冷于雪，劝人投此珠。

愿随金騕褭，走置锦屠苏。

路远思恐泥，兴深终不渝。

献芹则小小，荐藻明区区。

万里露寒殿，开冰清玉壶。

君王纳凉晚，此味亦时须。

——杜甫《槐叶冷淘》

　　小区外面开了一家朝鲜冷面馆，自从夏日到来，生意越来越好，中午店里客满，还有排着长队等座的。我吃了几次，确实不错，面条过冷水之后，配上爽口的泡菜酱汁、新鲜的西红柿，再来一枚一切两半的卤蛋，吃完后清爽舒坦。这个时候不由得替古人担忧，在古代人们若遇如此暑热的天气，可有冷面吃呢？

　　槐叶冷淘，就是古代的冷面。每年山坡上雪白的槐花开得如云似雪，采上几枝回来做槐花饼、槐花蒸饺，几日之后就只剩下满树碧绿的叶子了，满树青翠就与我们无关了。古人用他们的聪明才智制作出了夏日的消暑美食——槐叶冷淘。

"槐叶冷淘"这四个字最早见于唐代诗人杜甫的诗《槐叶冷淘》。

短短一首小诗,详细介绍了槐叶冷淘的制作工艺:"青青高槐叶,采掇付中厨。新面来近市,汁滓宛相俱。"采来轻轻槐叶,去掉杂质拿到厨房中,用刚刚上市的新麦面和以槐叶榨出的青汁做成柔细的面食,这样绿意盈盈的面,看上去就满目清凉。据史料记载,从唐代开始,在制作面食上已经有了蒸、烙、煮等各种方法。虽然诗中并没有说做成细面,但是一想就可知,用来消暑的美食,绝对不可能是烙饼、馒头,能投在冷水中过凉,也只有面条了。所以说来道去,唯有把色泽碧鲜的槐叶汁面团擀薄、切细,煮熟过凉水调以独特的佐料,才能呈给正在夜风轻拂下悠哉游哉纳凉的皇帝,面对这样一碗绿莹莹、凉滋滋、滑溜溜、香喷喷的槐叶冷淘,岂有不龙颜大悦的道理?所以,正是"君王纳凉晚,此味亦时须"。

在宋代著名诗人王禹的《甘菊冷淘》诗中更详细地介绍了冷淘的做法:"……淮南地甚暖,甘菊生篱根。长芽触土膏,小叶弄晴暾。采采忽盈把,洗去朝露痕。俸面新且细,溲牢如玉墩。随万落银缕,煮投寒泉盆。杂此青青色,芳香敌兰荪……"诗中把"甘菊冷淘"的制作方法和特点写得一清二楚。"俸面新且细",自此,柔细的面条正式成为冷淘的样儿,擀好切成的面条要经过"煮投寒泉盆"才能做成。由于掺进了甘菊汁,冷淘的颜色愈发青青,而且芳香四溢,这时候,冷淘已经发展得非常成熟,各种调料酱汁也丰富多彩,所以"芳香敌兰荪",色香味俱佳,怎能不诱惑人们的胃口大开呢。

这一碗槐叶冷淘,在一千三百多年前出自皇家的御膳房,定然不是一般百姓可以享用得到的。但是一千三百多年之后,由此演变而来的凉面已经成为夏日里餐桌上不可缺少的美食。那年暑假去西安看过秦始皇的兵马俑,走过杨贵妃的华清池,浑身被汗水黏腻难耐之际,我和朋友走进路边一面馆,猛然眼前一亮,绿意盈盈的面铺在案板上,这不就是现实版的槐叶冷淘吗?我们急忙去询问,老板说这是西安的美食——菠菜面。我与朋友忙不迭地要了两碗菠菜冷面,配上麻酱香醋黄瓜丝,浇上一勺子三合油,若能吃辣再来上一勺油炸辣椒面儿,清凉、脆爽、酸辣,这一碗吃下去,身上的暑热全消,疲累顿解。

忆苦思甜榆钱饭

切碎的碧绿白嫩的青葱，泡上隔年的老腌汤，拌在榆钱饭里，
这是最朴素的吃法，那年月只是为了哄饱肚皮。

与榆钱饭的初次相见，是在语文课本上刘绍棠老师的散文当中，一边读一边垂涎于这种来自山野的美味，现在想来，那何尝是美味啊，只是老百姓哄自己辘辘饥肠的一种无奈罢了。很佩服老一辈的作家们，硬生生地将寒酸的榆钱饭写出了满汉全席的味道"。

榆树是很容易生长的一种树，是不怎么分地域的，山沟里可以生长，院子里墙角旮旯也能随意地生长，这种树是极有亲和力的一种树，在我小时候，大街上就有好几株合抱粗细的大榆树。

"阳春三月麦苗鲜，童子携筐摘榆钱。"每年三月榆树上就挂满了一簇簇的榆钱，圆圆的嫩绿色的榆钱儿在阳光下格外晃眼。榆钱儿其实不是花儿，而是榆树的种子，也叫榆荚。将其捏在手里看，淡淡的绿色，圆圆的有小孩儿指甲盖大小，中间鼓凸出来，边缘处薄薄的，像一分钱硬币，又因它与"余钱"谐音，寓意着吉祥富足，又酷似古代麻钱儿，故名榆钱儿。

榆钱儿是可以生吃的，虽然没有槐花的清香甜润，但是也独有一种绵软，其清香爽口的味道让人们连连称赞。榆钱儿要趁鲜嫩采摘下来，不然几日之后就老了，也就不能吃了。榆钱儿的做法就是凉拌与清蒸，煮汤也有，但最多的还是蒸榆钱饭。

记得小时候姥姥家就有几株大榆树。每逢开春，姥姥就将新鲜的榆钱摘

回来洗净放在篦子上沥去多余的水分，放入盆中加玉米粉搅拌，再把榆钱包起来。锅内加水烧开，把沾满面粉的榆钱倒在篦子上，大火蒸一刻钟就可以了。再把蒸好的榆钱倒入大碗中加盐，用筷子拌均匀，这时一片一片的榆钱儿都散开来，加上酱油、麻油后就可以享用了，吃起来还有点甜味儿。刘绍棠老师在文中写道，切碎的碧绿白嫩的青葱，泡上隔年的老腌汤，拌在榆钱饭里，这是最朴素的吃法，那年月只是为了哄饱了肚皮。

现在若是去河北，你会发现榆钱饭已经成了当地餐馆里的一道经典时令菜肴。现代人养生，讲究吃素，要吃有机绿色食品，吃生在地里长在田野里的野味儿。所以很多的饭店里都会有野菜宴、枸杞芽、槐花饼、苦菜粥，若是季节赶巧了，这道榆钱饭可是唱主角的。榆树饭的调料也丰富得很，将切好的蒜末、青椒粒、香菜摆在一浅口碗里，醋、香油、辣椒油混合后加入芝麻、花椒，吃之前把这些调料加一点点凉开水拌匀浇在蒸好的榆钱饭上，一人一个小调羹，细细地挖起一块。

看着眼前盛在精致碗碟中的榆钱饭，我不由得感慨，这样的榆钱饭上了大席面，都带了些许娇贵气质了。如同朴实的山野女子，被人强制画了眉毛涂了胭脂，穿着时髦的衣服坐在面前，我不禁一笑，还是穿回那件粉绿相间绣有小白花儿的褂子更显合适。

济南炸荷花

对于土生土长的济南人来说，吃荷花就跟吃白菜、吃萝卜一样，日常得很，但是对于外地人来说，仿佛暴殄天物一般。

每当大明湖的荷花盛开时，大街上就有人推着小车挎着篮子卖荷花骨朵儿，白的红的都有，饱满的荷花骨朵儿鲜嫩得能掐出水来，这时候的荷花是菜，所以很多菜摊子上也一把一把地摆着卖。老舍先生的一篇散文《吃莲花的》就颇为有趣地记录了20世纪30年代他在齐鲁大学执教时吃的济南的一道美味——炸荷花。

济南得天独厚的地理条件，为很多外地人所羡慕，而众泉汇流的大明湖，明净澄澈的一泓水，不但养出了一份清逸洒脱，也养出了与众不同的美食。旧时出的蒲菜名闻天下，现在产的白莲藕也那么脆嫩，而夏天开出的荷花又可当菜摆在菜贩的担子里沿街叫卖，这里很像江南水乡的风情。当地人取这鲜艳娇嫩的荷花瓣入馔，倒也算得上风雅，不过，从异乡人眼里看来，就十分奇怪了。在老舍先生的文字里，那个从京城来的厨子老田，就以为用香油炸了的荷花瓣儿是要用来治疗烫伤的呢。

现在大明湖畔的几家馆子里也还保存着这样一道菜，不过现在的炸荷花一般都选用白莲花，据说白莲花的花瓣儿更厚实，炸出来的味道要比红荷更脆嫩一些。进入六月，大明湖里的白荷就结满了花苞，次第开放。此时正是吃炸荷花的好时节，若是在家中做来吃，就简单得多。选取那些微开的花朵儿，去掉外层，取荷花中层最嫩的花瓣，用鸡蛋、白糖、面粉调和成金糊，入油锅炸黄即可，外酥里嫩，带着花香，若配上一壶莲花白酒，那就是很好的下酒菜。

若是去馆子里吃，讲究就多了。先去湖边采回新鲜的荷花，一瓣一瓣地层层撕开，清水洗净后用上好的洁白棉布沾干，再切去荷花尾部，将豆沙抹在中间，顺长叠起码在盘子里待用。再将鸡蛋清倒入汤盘内，用筷子打成细沫，加适量面粉搅匀。这时候往锅里加猪油，小火烧到三成热时，把豆沙花瓣蘸上蛋清糊下锅，稍炸一会儿捞出。把锅移至旺火上，油烧到六成热时再夹起荷花瓣儿重炸一遍，这时候要用小铲子不停地搅动，还不能破坏其形状，所以这一步一定要小心。炸酥后将荷花瓣装入盘中，嫩嫩的荷花蕊摆在中间，这个是不可以吃的，只是用来摆盘，看上去就是形色俱美，上桌之前撒上点红艳艳的胭脂糖。此时，这道菜外酥内软，甜美异常，荷花的芬芳令人口齿生香。

对于土生土长的济南人来说，吃荷花就跟吃白菜、吃萝卜一样，日常得很，但是对于外地人来说，仿佛暴殄天物一般。所以老舍先生看着朋友把自己养在缸里的荷花朵儿搜罗一空拿到厨房的时候，天旋地转一点也不为过，那出淤泥而不染，可远观不可近玩，被文人墨客仙子捧在掌心里的荷花，济南人竟然为了口腹之欲，大吃起来。

开封菊花火锅

　　菊花火锅的汤，清淡却还有一种独特的鲜味儿，比寻常吃的重庆小火锅的汤底清甜几分，增一分则腻，减一分则寡，味道刚刚好。

　　菊花，是花中隐者，但是对于老饕来说，更是花中美味。

　　春天可食芽，椒盐菊花芽，是很好的下酒菜。

　　冬天，还可以泡上一壶菊花茶，漫漫长夜静读书。

　　最好的时节是秋天，不但可以赏菊花满园，还能掐上一把菊花涮火锅，再配上一壶酒，人们吃得眉开眼笑。国庆节来临，在开封有了自己小家的老友向我发出邀请，我迫不及待地背着相机一路飞奔而来。

　　开封是六朝古都之一，古楼古桥古建筑自然是不用说了，单单那占地五百多亩的清明上河园就让我走了数日。由于职业习惯不想走马观花，走到每一处我都想仔细地欣赏，还一边在脑子里与清明上河图去对比，同时也在好友的陪伴下把清明上河园周边的特色小吃街吃了个遍，吃得不亦乐乎。

　　秋日的开封，菊花盛开，菊花节正如火如荼地进行着，满眼都是看不尽的各色菊花。菊花茶、菊花糕、菊花羹等各色菊花美食吃不够，特别是菊花火锅，更是让人流连忘返。

　　吃火锅，对于中国人来说是司空见惯的。冬天，围着硕大的黄铜锅子，青菜一盘一盘往里倒，羊肉肥牛一盘盘地往里加，菌菇鱼肉也可以陆续加进去，一锅荤素皆有，吃得满满一桌子人面红耳赤，热热闹闹，但是要说菊花火锅，还真是只开封独一份，别处没有。

我和好友在美食街选了一家看上去颇为干净的小店，小店吸引了很多客户。幸亏朋友是这家店的老客户，老板特意给安排了个单间，在等上菜时，朋友开始介绍菊花火锅的前世今生：菊花火锅盛行于晚清宫廷内，传入开封大约有近百年的历史了。开封的市花恰恰也是菊花，原料来源算是得天独厚，所以菊花火锅就成了开封独具特色的菜品之一。

我和好友正说着，菊花火锅就端上来了，配菜装在素白青花的碟子里，火锅是锃明瓦亮的黄铜火锅。菊花火锅一般是以鸡汤为汤底，涮品以海鲜为主，与其他肉类配成"四生"或者"六生"。鱼片、蛏子、小海鲜恰好是我的最爱，肥而不腻，清而不淡。配上的几碟子蔬菜，清白红绿中间，一碟子洗净了还带着水珠儿的雪白丰腴的大菊花吸引了我的注意力，朋友笑着拈起一朵菊花，把雪白的花瓣儿撕下来投入到滚开的汤锅中，不一会儿，菊花的香味就慢慢地氤氲开来，小小的包间里充满了浓郁的异香。

待菊花的清香渗入汤内后，朋友取了生鱼片、生鸡片、鲜虾投入锅中，调料自己可以随意搭配，不过菊花火锅的蘸料是不宜过于重的，否则菊花的鲜香味也就品咂不出来了。酒过三巡，朋友开始把菊花朵儿下入锅里，几个翻滚之后，朋友将其捞出来放到我的碟子里，说："这才是真正吃菊花呢，开始那些菊花瓣儿只能算是调味的，都煮烂了。"我夹起一朵菊花蘸了点调料汁入口，确实这时候的菊花瓣儿吃到嘴里柔滑如丝，有点近似于黄花菜的口感，但是比黄花菜要细嫩得多，细细品咂，还有一丝淡淡的苦味儿。我顺便喝了几口汤，菊花火锅的汤，清淡却还有一种独特的鲜味儿，比寻常吃的重庆小火锅的汤底清甜几分，增一分则腻，减一分则寡，味道刚刚好。

那几日，我和好友把菊花火锅的几种汤底吃了个遍，却发现这样吃法竟然没有上火，朋友看我疑惑的样子笑了，其实菊花火锅最独特之处就是好吃不上火，因为菊花自古就有败火清心明目的功效，不然陶渊明怎么会隐居南山去做了不老神仙呢，你若再次吃上两三个月的菊花宴，保证你乐不思蜀而忘归期了。

是啊，若是门前有菊花可赏，桌上有落英可餐，隐居山间有何不可呢！

福建汀州"面花儿"

　　将"面花儿"捞出来摆在盘子里控油，稍微一凉，撒上点五香粉，趁热拿起一朵，咬一口，外焦里嫩，香脆可口。从那时候我才知道，原来花儿除了摆瓶之外，还可以做成这样的美味。

　　木槿花是我居住的小城里随处可见的绿化树，每次走在路上，看到满树的木槿花灿烂地开着，总忍不住偷偷撕一点点的花瓣儿噙在嘴里，有些陌生又熟悉的味道就从记忆的深处蔓延出来，仿佛我还是那个端着小碗等着吃"面花儿"的小孩儿。

　　小时候我住的大院子里有好几户人家，对门的阿姨是上海人，隔壁的奶奶是北京人，南边厢房的婶婶叔叔是福建人，大家相处得都很好。最开心的就是我们这些小孩子了，可以吃到天南海北的美食，今天吃北京奶奶的炒疙瘩，明天就能吃到上海阿姨的水煎包，不过印象最深刻的却是福建婶婶的"面花儿"，我们这些小孩子第一次知道院子里开得灿烂的木槿花竟然可以做成如此的美味。

　　院子里的木槿花不知道有多少年了，从我记事起，就是那么高大，每年入夏都会开一树粉白紫红相间的花，花朵很大，仿佛一只一只的大蝴蝶，风一吹就颤巍巍的。树多，花也多，满院子都是木槿花若有若无的香味儿，很奇怪的是，那么大的花朵，香味却淡得很，不似窗台上那几盆茉莉花，开一朵恨不能香得半条街的人都闻得见。

　　木槿花花期长，花朵也密，奶奶常常剪下来分给大家插在瓶子里，我就负责这个跑腿的活儿。不过在福建婶婶家，却能看到不一样的木槿花，一道可以吃的美味——"面花儿"。福建婶婶说这是他们汀州人常吃的一道小菜，叫"面花儿"，做起来很简单，味道却很独特。说着话的时候，福建婶婶一边笑嘻嘻地在鬓角边簪上一朵木槿花，一边看着坐在门槛上清洗水果的叔叔，小声问道："好看吗？"叔叔每次都会很认真地点点头。他很忙，每天下午出摊儿卖水果，上午就得把批进来的水果收拾好分堆儿，扎捆一下，他说干干净净的水果大家才喜欢，买卖就会好。

婶婶将木槿花清洗干净，去掉整个花蕊，一朵一朵地放在盆子里，拿一个白瓷大碗，放进面粉、细盐、白糖和剁碎的葱花，再打进去一颗鸡蛋，使劲搅匀成面糊糊。在煤球炉子上放一只炒菜的锅，倒入油预热。不一会儿油热了，冒出微微的烟。婶婶就用一双很长的竹筷子飞快地夹起一朵木槿花儿在面糊糊中过一下，丢进油锅里。瞬间，油锅里响起刺啦刺啦的声音，不一会儿，一朵一朵硕大的花儿就如蝴蝶般浮在油面上。慢慢地，花儿从白色变成了金黄色，这时候要不停地翻动，一直到用筷子一戳发出清脆的邦邦声，就可以出锅了。婶婶将"面花儿"捞出来摆在盘子里控油，稍微一凉，撒上点五香粉，趁热拿起一朵儿，咬一口，外焦里嫩，香脆可口。从那时候我才知道，原来木槿花除了摆瓶之外，还可以做成这样的美味。

奶奶说福建婶婶是个很会过日子的女人，叔叔身体不好，下午出个水果摊儿也赚不到几个钱，还有一个和我差不多大的小孩儿要读书，要穿衣吃饭，日子紧巴的不得了。日子虽然过得紧巴，但福建婶婶见了人都是笑嘻嘻的，一张圆润的脸上看不见一丝愁容。大人和孩子出门穿着干干净净，就是小孩子磨破了裤子，也会仔细地补上一块颜色接近的补丁，绣上一个流行的图案，看上去不但不寒酸，还带着一种让人欢喜的时尚感。

叔叔婶婶他们一家三口在这个大院子里住了五年，我也吃了五年的"面花儿"。婶婶说，这是家乡的味道，在她的家乡，每年夏天的木槿花开满了街道，会一直开到深秋，家里的姐妹们都会采了回去，或是簪在发髻上，或是做成"面花儿"和蛋花汤，就这样一口一口吃到肚里，心里也渐渐地温暖起来。

叔叔婶婶离开的时候也是一个木槿花盛开的季节，只是我上中学了，住在学校里，所以，这一别就是永远。多少年过去了，偶尔在书上看到这样一段文字：木槿花的花语是温柔地坚持。蓦地，我想起了那个笑嘻嘻的姊姊，用长筷子挑着锅里的"面花儿"，让窘困的日子也变得美味起来。是的，木槿花朝开暮落，每一次凋谢都是为了下一次更绚烂地开放。生活亦如此，不会一帆风顺，会有低潮，也会有纷扰，但我们依然对未来充满希望，继续温柔的坚持。

第九章
煮豆作乳脂为酥——10道清白温润豆儿香

种豆南山下，霜风老荚鲜。

磨砻流玉乳，蒸煮结清泉。

色比土酥净，香逾石髓坚。

味之有余美，玉食勿与传。

——元·郑允端《豆腐》

上虞霉千张

　　母亲去世八年了，再也吃不到那加了一点盐水蒸出来的霉千张了。春纪说这话的时候眸子里带着一丝淡淡的哀愁。

　　我们北方的豆腐皮儿，到了赣、皖地区之后，名字就成了千张，这个名字感觉一下子雅致了不少。

　　前几年去浙江绍兴，我吃过一道菜，到如今仍记忆犹新，这道菜就是把霉千张、臭豆腐与苋菜梗一起炒来吃，这三道食材都是带着点臭味，炒出来软趴趴的，当地人很爱吃，称其为绍兴三霉，但是我吃过一次就再也不会想念那个味道。

　　后来我来到了上虞，大学同学春纪是上虞人，对当地的小吃如数家珍，我跟着春纪大饱口福，吃了几日之后，竟然有些兴味索然，恰逢她老家崧厦的亲戚邀请她回家给孩子过生日，我便也沾光跟着去游山玩水。

　　崧厦的伞在全国很出名，不过令崧厦人更引以为豪的却是霉千张，在民间还流传着"霉千张好吃，崧厦难到"的民谣。当年乾隆皇帝游江南的时候，吃腻了山珍海味，每到一地，都想尝尝当地的风味特产。有一年，乾隆皇帝来到绍兴，绍兴知府弄了不少土特产，其中有碗素菜，就是崧厦霉千张。霉千张一般是做成清蒸的，先用凉水冲洗清爽，放些清水细盐、上等酱油，文火蒸熟后浇点麻油，颜色清淡嫩黄，香味诱人。乾隆爷一尝，松酥鲜美，顿觉胃口大开，这餐饭居然多吃了半碗，乾隆皇帝龙颜大悦，便要去霉千张的产地崧厦去看一看。上虞县官听到皇帝要来的这个消息，觉得这件事非同小可，皇帝到过的地方三年穷，劳民伤财不说，若稍微有点疏忽，怪罪下来，不是儿戏。县官思量后写奏本申述："崧厦在东海边沿，到那里要经吼山、过白塔洋、出泾口、再穿东关，横渡古舜江，路途多有不便，须经周密准备，圣驾方可启程。"乾隆皇帝看罢奏本，没想到去崧厦有这么多关卡，说不定还会遇上意外风险，于是游兴大减，叹了口气说："原来霉千张好吃，崧厦难到。"自此霉千张扬名天下，成为城乡官民人人喜爱的一道净素菜。在南海普陀等地的寺庙中，还把它当作斋菜来款待烧香拜佛的信徒。

来到崧厦，我再次吃霉千张，是与千刀肉同煮的，清淡里有了点荤腥味儿，竟然也很好吃。最难得的是我第一次看到了霉千张的做法。选优质黄豆若干，浸胀后用石磨磨成浆汁，再用文火把新鲜豆浆烧熟，以盐卤打花，将其倾倒在一张土粗布上，待压干水分，一张既薄又匀亦润的"千层衣"就大功告成了。将"千层衣"叠齐，切成长方形小条，下面垫上干净的籼稻稻草，上面压一块豆板，把它放在较暖的地方，霉化之后就是我们现在吃到的霉千张了。由于崧厦镇地处钱塘江口滨海区，这里盛产优质黄豆，上等盐卤，制作而成的霉千张也就格外的鲜美醇香。

春纪很少吃，看我吃得很香，她笑着说："小时候家里没有肉吃，母亲每天就蒸霉千张给我们姊妹几个下饭，就是这样也不可多吃，每次不能夹起一段，而是轻轻揭开，一页一页地吃，薄薄一页霉千张就能吃半碗白饭，那时候就想啊，什么时候每餐饭不吃这臭臭的霉千张呢。如今，母亲去世八年了，再也吃不到那加了一点盐水蒸出来的霉千张了。"春纪说这话的时候眸子里带着一丝淡淡的哀愁。

火宫殿臭豆腐

"火宫殿臭豆腐就是好吃！"这句话曾经出现在长沙火宫殿的照壁墙上。

臭豆腐在长沙被称为"臭干子"，以长沙市坡子街地区的火宫殿小吃摊最为火爆。臭豆腐算得上是风靡全球的一种小吃，哪里有华人，哪里必定会有卖油炸臭豆腐的小摊儿，一辆三轮车两个大瓦罐，一排排装了各色调料的瓶瓶罐罐，一个装了炭火的小炉子，就是全部家当了。

上大学的时候，校门外对着一条小吃街，聚集了天南海北的美食，其中最显眼的位置就是一辆炸臭豆腐的小车，车顶上还横挂着一块有些年岁的镶了黑边的红布条儿，上面写着几个大字：正宗长沙火宫殿臭豆腐。那味儿隔着五十米就能闻到，喜欢的叫香气扑鼻，不喜欢的会觉得若进入鲍鱼之肆难以忍受。

炸臭豆腐摊儿的老板是个地道的长沙人，特别爱讲话，对我们这些老熟客的口味了如指掌，他爱吃炸得老点的，我爱吃辣子多点的，都记得清清楚楚的。他家的臭豆腐都是自己做的，据说是祖传的方子，当年毛主席都吃过他们家的臭豆腐，吃完后都赞不绝口呢。

臭豆腐的做法简单，关键是发酵的过程。先将豆腐切成小块，用白布包好豆腐块，码在木板上，上面再压上一块木板，用重物压一整夜，再将豆腐里的水分榨干，这样做出来的臭豆腐质地会非常细腻。发酵用的卤水都是自己配制，这是秘方，老板笑呵呵地说秘方不对外传。接下来将豆腐放入卤水内浸泡，坛子封好口，数天之后取出，此时白豆腐已成青墨色的臭豆腐干了。开坛取出豆腐干，用冷开水略洗后沥干水分，再将茶油全部倒入锅内烧热，放入豆腐用小火炸，炸好后捞出摆盘，加入各种调料，这时的炸臭豆腐焦脆而不糊、细嫩而不腻，初闻臭气扑鼻，细嗅浓香诱人，一串串做好的臭豆腐就可以出锅了。

　　臭豆腐这道小吃，是仁者见仁，智者见智。专家们普遍认为臭豆腐是"不健康"的食物，而我们的先人则作诗赞誉云："味之有余美，玉食勿与传。"在医书也曾记载，臭豆腐可以寒中益气，和脾胃，消胀痛，清热散血，下大肠浊气。常食者，能增强体质，健美肌肤。

北京豆汁儿

糟粕居然可作粥，老浆风味论稀稠。

无分男女齐来坐，适口酸盐各一瓯。

——《燕都小食品杂记》

北京的豆汁儿跟我们平时喝的豆浆是截然不同的两种食物，吃得了豆浆油条不稀奇，若是能喝得了豆汁儿，那才是地道的北京人。

豆汁儿，其实是制造绿豆粉丝的下脚料，味酸，略苦，有轻微的酸臭味，价格很便宜，属于贫苦百姓的果腹之物。天蒙蒙亮，胡同里的人们就会听到那独轮车轱辘由于年久发出的吱扭吱扭声。耳朵眼胡同里的门儿这时就一扇一扇地打开了，端着碗的，拎着壶的，都是去打豆汁儿的，顺便捎带一套烧饼焦圈，对平民小户的人家来说，这早饭就解决了。

过去卖生豆汁儿的，都是用小车推一个有盖的木桶，串背街、胡同。不用"唤头"也不吆喝。因为日子久了，什么时辰到什么地界大都有准时候。到时候，大家伙儿就不约而同地来了。小门小户的老百姓家里，若是有了这碗豆汁儿，吃窝头就可以不用熬稀粥了。这是贫民食物，在《燕都小食品杂记》记载："糟粕居然可作粥，老浆风味论稀稠。无分男女齐来坐，适口酸盐各一瓯。"并说："得味在酸咸之外，食者自知，可谓精妙绝伦。"这里说的就是喝豆汁儿的场景。

早些年，北京的早点摊子上都会有一大铜锅，铜锅里倒入豆汁儿，放在煤炭炉子上用小火咕嘟咕嘟地熬着，打开盖子，一股子说不上是酸还是臭的味儿就飘散出来。在卖豆汁儿的摊子上，一般都会准备好一碟子切得细细的辣咸菜丝——切细的水芥菜疙瘩加上辣椒油。上班的人们来碗豆汁儿，从旁边的摊子上要一套烧饼焦圈，就着不花钱的辣咸菜丝，这一上午的力气就有了。

不能喝豆汁儿的人喝一次就够了，譬如我。有一次去北京，朋友们说起北京小吃，耳朵眼炸糕、全聚德烤鸭、驴打滚、炒疙瘩、卤煮火烧、炸酱面都尝了个遍，独独豆汁儿还没吃过，我们便决定无论如何要去锦馨回民豆汁儿店去尝一尝，据说这家店就得了当年城隍庙"豆汁丁"的真传，多年来一直保持那个味儿。不喝上这碗豆汁儿，还真就如汪曾祺老爷子说的，就不算真的来过北京城。

当豆汁儿端上来的时候，一股冲鼻子的味儿让在坐的朋友都皱了皱眉头。暗淡的颜色，混沌的模样儿，端起来喝一口，酸，涩，还带着股子馊味儿。

邻座的大爷一边捧着碗吸溜着，一边乐呵呵他看着我们几个说："来玩儿的吧，小伙子，这豆汁儿得转着碗边吸溜着喝，喝一口，来一口辣咸菜丝，这才够味儿呢。乾隆爷也好这一口，不过御膳房里也没咱这儿的地道。当年咱北平的梅兰芳先生极喜欢这碗豆汁儿，天天早上让家里的人去城隍庙打第一碗呢，不喝这碗豆汁儿啊，上台嗓子都不亮堂呢。"老爷子一口地道的北京话，一听就像穿越了历史回到了民国时候的老北平一般。

我捏着鼻子灌下了这碗豆汁儿，辛辣的芥菜丝倒是多吃了一碟子，据说这家老店的辣咸菜丝都是随着季节变换的，夏秋用苤蓝，冬春用老咸水腌的水芥菜疙瘩，方能压得住豆汁儿的酸涩，品得出其中的回甘。

沂蒙山小豆腐

小豆腐并不是豆腐，而是一种用黄豆沫儿加上小白菜、小油菜或者是萝卜缨子，甚至嫩一点的红薯秧子、南瓜藤等熬煮的食物，在当地被称为"渣豆腐"。

在沂蒙山写生的时候，我没少吃小豆腐，配上刚从鏊子上揭下来的热乎乎大煎饼，从咸菜罐子里捞上来一个翠绿的辣椒，再从后院地里剥出一截子刚长出的大葱，几口下去，吃得满头大汗。

其实小豆腐并不是豆腐，而是一种用黄豆沫儿加上小白菜、小油菜或者是萝卜缨子，甚至嫩一点的红薯秧子、南瓜藤等熬煮的食物，在当地被称为"渣豆腐"。这道菜在沂蒙山区的乡村几乎家家都会做。

沂蒙山是革命老区，很多老人说起抗战时期的故事都是滔滔不绝，说着说着眼睛里就噙满了泪水。在革命战争年代，生活极度贫困的艰苦岁月里，人们发挥自己的智慧，只要是能寻到野菜、薯秧、树叶等能吃的东西，都能抓上一把，再加入做豆腐剩下的豆渣，捏上撮盐，便能做出一锅渣豆腐。那时的渣豆腐缺油少盐，不用说营养价值，能撑饱肚子就算是很满足了。所以，我们的父辈这一代人对渣豆腐有着刻骨铭心的感受。

我写生的时候居住的都是民房，七十多岁的房东大娘在解放战争时期就给解放军摊过煎饼纳过鞋底，也做得一手好渣豆腐。她常常会在下午自己泡豆子磨豆花儿，给我们这些年轻的孩子们做一锅热乎乎的渣豆腐。大娘说："现在的渣豆腐啊，葱姜一炝锅，那香味浓郁得比那大席面都好吃。"大娘磨的豆糁儿不粗不细正好，粗的硌牙，细的没嚼头。青菜就是在后院地里生长的，今天小白菜，明天就是小油菜，后天又从地里掐来红薯藤，总之，那味道是美极了。有时候阴雨天不能出去画画，我们三四个人就围在大娘的身边看着她做渣豆腐。

大娘做渣豆腐的时候先是把自家产的大黄豆放入陶盆里，用温水浸泡五六个小时，将黄豆浸泡得白白胖胖，然后用一盘小石磨细细地研成豆浆。大娘说这盘小石磨还是她成亲时候的嫁妆呢。随后她舀了一勺黄豆徐徐地灌进磨眼里，随着石磨的转动，石磨下面就汩汩流淌出乳白色的豆糁儿。磨完豆浆后，接着就是做渣豆腐了。大娘家里还是用垒在灶上的大锅，她在锅中倒上少量的豆油，下入葱姜末儿，接着放入青菜稍微一翻炒，最后加入一大碗磨好的豆糁儿，盖上盖子开始熬，一定要小火，这个时候要用铲子不停地翻动，一定不能把火烧得太旺，不然豆浆就会糊在锅底上，那样做出来的渣豆腐口感会很差。

等到屋里飘散着一股子浓郁的豆香的时候，再撒上一勺子粗盐，略微翻动几下，这一锅色香味俱佳的渣豆腐就做成了。那天晚上，大家吃了好几个煎饼，我们带队的辅导员就是临沂人，虽然很小的时候他就离开故乡搬到了城里，但是自从踏上临沂的土地，他就声称自己回家了，仿佛走到哪一家他都能寻到过去生活的痕迹一般。只见他端着一碗渣豆腐，手里拿着个大煎饼，还不忘一边指点我们的作品，那种粗犷与豪迈竟然让我们平日里对他的敬畏之心少了很多。

有一年，我曾看一位教授说养生内容，说到2003年SARS期间山东感染人数非常少，其中一个原因是"山东的百姓一到春天都吃时令菜——小豆腐，怎么做？就是豆腐配上各种春天的野菜……"看到这里我不由得想笑，小豆腐是用豆腐配野菜这一说法，若是在临沂，是会被人笑话的，真怕多年之后，我们说起小豆腐，能吃到的却是在装潢精美的酒店里那一碟子加了青豆、鸡蛋、圆白菜的切碎的豆腐啊。

德州蹶腚豆腐

取了一板豆腐，加上红艳艳的炸辣椒酱，一点甜面酱，撒上点韭花酱末儿，看着我好似无从下嘴的样儿，热心的老板一边比划一边解说——嘴凑近板上的豆腐，老远就吸气，显示热豆腐的气，让一板儿豆腐鱼贯而入口中，热乎乎滑溜溜的，那滋味才叫个享受。

"蹶腚豆腐"是德州一道独特的小吃，豆腐是其次，关键是吃的时候，不用勺子不用碗，只要一条小小的木板儿就够了，吃豆腐的人还不能坐在凳子上规规矩矩地吃，得站着吃才行。

我听说了很多次"蹶腚豆腐"的吃法，却没有吃过，所以来德州之前就在电话里跟我的发小湾仔说一定得带我去吃"蹶腚豆腐"。他笑着说："你还真找对人了，若找别人都不一定能吃得上，因为现在德州就只有一家是做正宗的蹶腚豆府的。"

"蹶腚豆腐"到底从什么时候兴起，就是最地道的德州人也说不清，但是他们会告诉你一个故事。从前有夫妻二人，女子在家做豆腐，男子就每天早上到城里卖豆腐，男孩子的扁担一头挑着嫩生生的一盘豆腐，一头挑着自家调制的作料和一摞一摞的浅口碗。清晨起来赶路的商贩来不及吃早餐，就在路边切上一片豆腐，加点调料，热乎乎地吃下去后继续忙活着自己的生计。那天，男子走的匆忙，到了城里，突然发现忘记带那一摞碗，在担子里只有托在碗底的一小摞小木板儿。来吃豆腐的人越来越多，男子急中生智，把豆腐切片摆在木板上，浇上作料，吃豆腐的人就着木板儿轻轻一吸，这软嫩的豆腐就到了口中，倒是别有情趣。由于吃豆腐的时候人们都怕把汁水沾到身上，便微微弯腰，虽然姿势不雅，但却更为便利，自此，"蹩腚豆腐"一举成名，除了盛豆腐的小木板儿，还多了能涂抹作料的薄薄的青竹片儿。

到了德州，我一下车便拽着湾仔去寻"蹩腚豆腐"，他笑着说："你看看现在是几点，人家早就收摊了，要吃蹩腚豆腐得起个大早，今晚就先来碗羊肠子打打馋虫，这也是名吃呢。"

第二天一早，我们便去了德州一中附近的"板豆腐"，据说这是德州唯一一家做"蹩腚豆腐"的店，但是老板嫌弃这名字不雅致，便改名"板豆腐"。大家都不约而同地回避"蹩腚豆腐"这个词儿，其实吸引我的正是这个字眼儿。来得早不如来得巧，我们来的时候豆腐刚刚出锅，热腾腾的，板豆腐的调味料还是老三样，面酱、辣酱、韭酱，想吃多少自己取。只见嫩生生的豆腐被切成方方正正的小块儿，摆在特制的小木板上甚是好看。

我取了一板豆腐，加上红艳艳的炸辣椒酱，一点甜面酱，撒上点韭花酱末儿，看着我好似无从下嘴的样儿，热心的老板一边比划一边解说——嘴凑近板上的豆腐，老远就吸气，显示热豆腐的气，让一板儿豆腐鱼贯而入口中，热乎乎滑溜溜的，那滋味才叫个享受。

微微弯了腰，脖子往前伸一点点，我用嘴唇轻轻触到木板，用力一吸，豆腐竟然就滑进了口中，嫩、辣、咸，香嫩的豆腐就顺着喉管滑了下去。这豆腐确实要比一般的老豆腐嫩许多，但是要比平日吃豆腐脑儿老，这一板子豆腐吃下去，我竟然如同猪八戒吃的人参果儿，还没吃出什么味儿来呢，豆腐就进肚子里了。

老板说虽然好多媒体来采访过，为"蹩腚豆腐"做宣传，一板儿"蹩腚豆腐"的成本是一碗老豆腐的两倍还多，但价格却卖不上去，房租到期后就不想做了。听到老板这么说，我竟然有点惆怅，难道这老德州的传统"蹩腚豆腐"真要无影无踪了吗？

徽州毛豆腐

朋友慵懒地举起手中的杯子，笑嘻嘻地说道："日啖小吃毛豆腐，不辞长作徽州人，可否？"

青瓦白墙，疏竹黄花，在这里走一走，心都会变得格外清宁，朋友说徽州是一个很适合居住的地方。朋友在漂泊了十年之后，把徽州作为最后的驿站，小小的院子里，便安放了一个不羁的灵魂，看四时之花，品人间美食。

2012 年，一部《舌尖上的中国》让毛豆腐这种看似普通却又独特的美味走出了徽州，被大家所了解。这些附着细密纯净白毛的豆腐，被时间赋予了神奇的味道，让多少人为之痴迷。在很久以前，纯朴聪明的徽州人民就已经将这种变质生了白毛的豆腐通过特殊的工艺变成了餐桌上的美食，所以在徽州的民间流传着这样一句话：徽州第一怪，豆腐长毛上等菜。仿佛若是到了徽州，不去尝一尝这道上等菜，就会抱憾终身似的。

一直以为徽州的毛豆腐，与长沙臭豆腐的吃法是一样的，在油锅里不是炸就是煎，再放入拌好的调料，吃的就是一个够味儿一个过瘾。真正吃过一次毛豆腐，才知道，臭豆腐的味道来得霸气而直接，若是喜欢的便是不离不弃，若是不喜欢的便是再不相逢。徽州的毛豆腐则温柔得多，有如那巧笑嫣然的小女子，初见惊艳，再见入心。

虽然徽州区域擅长做毛豆腐的屯溪、休宁等地都说自己的毛豆腐是最正宗最好吃的，但是口碑不是说出来的，而是吃出来的。朋友在徽州居住了快十年的光阴了，可以算是半个徽州人。她说，位于蓝田的方鑫玉家做的毛豆腐一直是最有名也是最纯正的，在《舌尖上的中国》播出之后，他们家对毛豆腐的制作方法更是精益求精，这次我们就是去品尝方鑫玉家的毛豆腐。

方家的祖上以做豆腐为生，有时候豆腐卖不完，就会坏掉，为防止出现浪费。方家的先人把剩下卖不完的豆腐就切成小方块用少许盐腌制一下，放在太阳下的箅子上晾晒，没想到多日阴雨绵绵不见日光，豆腐几天后长出了雪白的绒毛，若是扔掉，着实可惜，家里胆大的人将豆腐煎来吃掉，觉得味道软糯，还带着一股子特殊的鲜香之味。由于豆腐上生了白毛，所以从那以后方家的豆腐就有了"毛豆腐"这个名儿。而聪明的方鑫玉就是在长辈的影响下，对毛豆腐的喜爱之情日渐浓厚。

蓝田气候温和，泉水明澈，好山好水种出好黄豆，保证了原材料的上乘，所以即便是酿造方法一样，蓝田方家的毛豆腐也要比其他地方的毛豆腐味道纯正。方鑫玉家的毛豆腐上面的毛色是浅绿微白，加上独特的酸水配制秘方，让毛豆腐的口感更加细腻柔滑，成为安徽毛豆腐的金字招牌。我饶有兴趣跟着朋友参观了方家的豆腐作坊，做豆腐不稀奇，稀奇的是能通过控制温度，让毛豆腐在短短几日当中就从一块平淡无奇的家常豆腐，变成面前安静地裹在一层白毛中的睡美人。

毛豆腐最常见的吃法就是在平锅中加入香油，小火熬到满屋子里都香气缭绕，然后迅速把毛豆腐放入锅中，只听得"丝拉"一声，毛豆腐浓郁的香味就扑面而来。不一会儿，毛豆腐两面就煎成了金黄色，有了一层黄金甲的时候，撒入各种调料就可以吃了，一般出售毛豆腐的商家，调料都是自己调制，一家一个味儿，家家味不同。这时候，用竹筷子夹起一块毛豆腐放入口中，外酥里嫩，鲜而不腻，唇齿留香。

与好友在一起，喝一杯烧酒，那种惬意，那种快意，则是无法用言语来表达。朋友慵懒地举起手中的杯子，笑嘻嘻地说道："日啖小吃毛豆腐，不辞长作徽州人，可否？"

四川麻婆豆腐

家里小孩子没胃口了，就带他去楼下的川菜馆子，要上一碟麻婆豆腐，吃个满头大汗，胃口好了，日子也就觉得过得分外有趣了。

川菜是我国八大菜系之一，素来就以用料广泛，味多而深浓为其特点，川菜自古就有"一菜一格，百菜百味"的说法，其中又以麻辣味最为特色，所以四川人的性格也如这川菜一般，火爆，直爽，够味儿。

川菜辣，口味也重，比如四川的麻辣香锅，总是辣得让你一边吸着凉气，一边欲罢不能，不能吃辣的人却只能看着口水直流，譬如说我。但有一道菜却是皆大欢喜，看上去惹眼，吃起来微微辣，那就是麻婆豆腐，一眼看去鲜红火爆，吃起来微辣滑嫩，很适合搭配米饭。

麻婆豆腐是川菜里面的传统经典菜品之一，若是用辣来分级别，这道菜也就是刚入门的微微辣，但关键是麻辣之外的滑嫩，让本来味道略显寡淡的豆腐有了一种意气风发的豪迈。

对于麻婆豆腐的来历，我看过很多版本，不过我更喜欢来自民间的版本。传说，在清末年间，四川成都的万福桥边有家豆腐店，店主陈氏会做一手好豆腐，嫩而不水，滑而不腻，而且会烧一手好菜，其中一道就是辣子烧豆腐，大家吃过以后都特别喜欢，从此这道菜就成了店铺的招牌菜。陈氏脸上有很多麻点，外号"陈麻婆"，她发明的这道豆腐菜也被人们叫做"陈麻婆豆腐"。

　　川菜馆子在各地都有，因此这道麻婆豆腐也就成了大家餐桌上的常客，若是隔几日不吃，就会觉得嘴里都很寡淡了。

　　厨子制作麻婆豆腐一般都会选择更滑嫩一点的南豆腐，香嫩的牛肉末儿、自家炸出来的花椒面、青翠的小蒜苗、豆瓣酱、辣椒粉都是必不可少的，据说喜欢吃麻婆豆腐的人家都会在家里养一钵蒜苗，平日里当花儿看，烧菜的时候掐上几片叶子就足够了。

　　制作麻婆豆腐需要热锅凉油，牛肉末儿随着姜末儿一起下锅，快炒待牛肉末儿和姜末儿变色后加入豆瓣酱和辣椒粉继续煸炒。这时候，将豆腐切成小块，另起锅用热水焯一下，捞起后放置在漏勺中控水，这样可以去掉少许豆腥味儿。牛肉末儿炒酥后，浇一勺子高汤，接着下豆腐，大火煮五分钟，入味后转小火收汁，将蒜苗切成段儿，撒入锅内略翻炒，拿一小碗生粉勾芡，缓缓浇在豆腐上，再来一勺子自家做的花椒粉就可以起锅装盘了。这时候红艳艳香喷喷的一道麻婆豆腐就上桌了，麻辣鲜香，形色俱美，可配米饭、面条，也可以来上一块儿出炉的热烧饼。我们楼下的大爷是地道的四川人，每次他家的炒麻婆豆腐都是用自家做的辣椒碎，白嫩嫩的豆腐上仿佛燃烧了一堆鲜红的小火苗一般，味道也更香醇，我曾经尝过一次，一勺子麻婆豆腐足够吃一大碗面了。

　　有时候，家里小孩子没胃口了，就带他去楼下的川菜馆子，要上一碟麻婆豆腐，吃得满头大汗，胃口好了，日子也就觉得过得分外有趣了。

御苑"青方"王致和

长沙火宫殿臭豆腐，徽州的毛豆腐，都是此类产品中的佼佼者，但是王致和臭豆腐却是此类小吃中唯一受到过皇家恩典赐名的。

王致和臭豆腐是一瓶有身份的臭豆腐，它还有一个雅致的、来自皇家的御赐的名字——"青方"。

王致和的臭豆腐，是老少咸宜，挂上糊油锅里一炸，色泽金黄，撒上点五香粉，搁几片芫荽叶儿，上大席面也不会觉得寒酸。

若是你在公共场合提着一瓶王致和臭豆腐，那就成了众矢之的了，臭豆腐的味道即便是隔着层层包装也会如在鼻端。一桌子人围在一起吃饭，你一勺子，我一筷子的，估计最快被吃掉的也是这瓶臭豆腐，那味道留到口中，就是异香绕唇齿之间，再也舍不得放下，臭豆腐就是这样让人爱之恨之，却又离不开。

大学时，宿舍的好友很喜欢吃王致和臭豆腐，常常是将面包切片后，不夹生菜不夹蛋，却偏偏会夹上两块臭豆腐，一个人吃得怡然自乐，我们这一群人闻到味道后避之不及。她还给我们宿舍起了个名字叫御膳房，原来这臭豆腐还有个极其雅致的名字叫"青方"，据说这是慈禧老佛爷金口玉言赐的名字。

长沙火宫殿臭豆腐，徽州的毛豆腐，都是此类产品中的佼佼者，但是王致和臭豆腐却是此类小吃中唯一受到过皇家恩典赐名的。相传，清康熙八年（1669年），由安徽来京赶考的秀才王致和金榜落第，便闲居在会馆中，欲返归故里，却盘缠皆无；想在京读书，准备来年的应试，又距下科试期甚是遥远。无奈之下他，只得在京暂谋生计。王致和父辈在家乡以开设豆腐坊为生，他幼年曾学过做豆腐，于是便在安徽会馆附近租赁了几间房，购置了一些简单的用具，每天磨上几升豆子来做豆腐，做好豆腐后沿街叫卖。时值夏季，有时卖剩下的豆腐很快发霉，无法食用，但他又不甘心废弃，就将这些豆腐切成小块，稍加晾晒，寻得一口小缸，用盐腌了起来。之后王致和歇伏停业，一心读书应试，渐渐地便把此事忘了。

暑天一过，秋风渐凉，王致和又想重操旧业，再做豆腐来卖。蓦地，他想起那缸腌制的豆腐，赶忙打开缸盖，一股臭气扑鼻而来，取出一看，豆腐已呈青灰色，品尝后觉得臭味之余却蕴含着一股浓郁的香气，虽非美味佳肴，却也耐人寻味，他送给邻里品尝，大家都称赞不已，这可以算是王致和臭豆腐的雏形。

第二年，王致和再次进京应试，依然是落榜而归，之后他便死了走仕途这条路的心，开始经商。

王致和开始按过去试做的方法加工起臭豆腐来，而且生意逐渐兴隆。由于臭豆腐价格低廉，可以佐餐下饭，很适合收入低的劳动人民食用。生意好了，他便开始扩大店面，此时，王致和算是走上了经商的康庄大道。王致和细心揣摩并不断改进做臭豆腐的工艺，做成的臭豆腐质优价廉，到了清朝末叶，王致和臭豆腐名声大振，传入了宫廷。据说，有一次慈禧太后多日饮食不思，心烦气躁，御膳房便买回这臭豆腐来呈上，老佛爷一吃，竟然赞叹味道绝佳，便将其列为御膳的必备小菜，慈禧太后问身旁大太监这食物叫什么名字，一听说名为臭豆腐，便嫌名称不雅，她看眼前这一物，形如麻将牌方方正正，色如青靛，遂赐名"青方"。

纵观历史人物会发现，徽州人是很适合经商的。从清朝到中华人民共和国成立的三百多年间，虽然王致和臭豆腐的执掌人更换了数代，他们却始终保留着"王致和"这个老字号，保持着王致和臭豆腐的传统风味，自始至终味道纯正。由此看来，从商，也是要能站得住脚，守得住心，才能长久。

浏阳豆豉

吾山风光好，浏阳豆豉香。僧侣悠游处，美名传四方。

我有一位对美食很苛刻的姐姐，而且她也绝对算得上是一个上得厅堂下得厨房的女子，哪怕就是在厨房里做一道菜，她也会认真地对着我这个站在厨房外面的人说，食材一定要新鲜，调料一定要正宗，否则就是差之毫厘，谬以千里。比如这道豆豉蒸鱼，就一定要用浏阳的豆豉，若换成别家的，味道简直就是天壤之别。

我对烹饪没有什么研究，但是对这句话我却是举双手赞同，若是你吃过浏阳豆豉，就会知道，它才是蒸鱼的绝配，若换成别家的，就不是这个味道了。

浏阳的豆豉，猛地一看，并不怎么起眼，捏在手里，色泽深褐，皮皱肉干，质地柔软，颗粒虽然小，但是饱满异常，我曾空口吃过一粒，有点咸，甚至还有点涩，并不怎么下饭，但是遇水后则如同绽开的昙花，色泽鲜艳，汁浓味美，据说湘菜中的代表菜品"腊味合蒸"就是以豆豉作为作烹制出来的，普通的食材经过豆豉的点化，摇身一变就成了极有身份的一道压轴的大菜。

有关豆豉的记载，可以追溯到2000多年前，在唐朝中叶，浏阳道吾山兴新弹寺，这里香火旺盛，八方僧侣挂单于此，餐席间尝到豆豉，芳香四溢，让人食欲顿开，大家不禁对豆豉称赞有加，有的僧侣还带上一罐豆豉云游四方，于是浏阳豆豉名扬天下，曾有"吾山风光好，浏阳豆豉香。僧倡悠游处，美名传四方"之誉。但是真正有文字记载，能说明浏阳豆豉制作历史的，还是始于200多年前的史料，实际上是一品香豆豉作坊的历史。

传说，清道光年间浏阳城里有个叫李纯晏的人发明制作了豆豉，李氏豆豉作坊生意红火，李家有一代堂叔在清宫御膳房执事，回浏阳省亲时，李家赠予豆豉给堂叔带回京城，交御膳房将豆豉烹调菜肴呈给皇上，咸丰帝品尝后，顿觉此菜清香可口，颇感味鲜，连声称赞："颇佳，颇佳！"并命太监将膳食赐予一品官食用，颇受赞赏，之后便将此豆豉命名为"一品香"，列为宫廷贡品，在每年逢端阳、重阳两节进贡皇室。由此，一品香豆豉名闻天下。显然，这与唐代道吾山石霜寺斋菜中豆豉芳香四溢，众僧侣带有豆豉云游四方，从而使浏阳豆豉名扬天下之事实不符。但是也恰恰说明了"一品香"的来历，或"一品香"李纯晏制作的豆豉比之过去的豆豉更好，成为今天我们吃到的正宗的浏阳豆豉。

浏阳豆豉如今还是用传统工艺制作，以泥豆这种当地特产为原材料，经过蒸煮发酵，这个过程与其他地区的豆豉是类似，但是在洗霉这一环节，是一定要用浏阳河南岸那股独有的清泉水冲洗，从而就形成了浏阳豆豉的特殊风味，而这恰恰是其他地方没有的，所以浏阳豆豉风味独特，绝不是空穴来风。

据说，离家在外的湖南人，都喜欢在行李箱中装一罐自家做的浏阳豆豉，若是水土不服，几粒豆豉两片老姜，煮出一碗热乎乎香味浓郁的豆豉汤水喝下去，喝完后一身通泰，百病全消，其实，远在客乡的人，病痛都在心里，在心里念着那个隔山隔水的故乡。

名不副实的豆腐——奶豆腐

发酵的牛奶在大锅里熬煮，这时候，奶香会飘荡在大草原上，让你忍不住会放声歌唱。

奶豆腐，形似豆腐，也是最名不副实的一种豆腐，里面没有一粒豆儿。

对于蒙古族人来说，奶豆腐是属于草原的一种味道，或者说，是幸福的味道。

大草原，蒙古包，一双双渴望的眼睛，一个个纯真的心灵，都在好友燕子写来的这封信的字里行间慢慢地鲜活地呈现在我的眼前，还有面前的一碟子奶豆腐，这可是跨越了千山万水才来到了我的面前。

切成一片一片薄薄的奶豆腐，在灯光下温润如玉，咬了一点在口中，细腻柔滑，细细一品，浓郁的奶香，淡淡的酸味，沁人心脾。在内蒙古支教的燕子说："给你邮寄这份奶豆腐，分享我的幸福，这是孩子们带到学校送给我的教师节礼物，在这里，你会发现人的幸福是来得那么直接，一块捧在手中的奶豆腐，一碗蒙古族同胞自己做的奶茶，一切都是带着温度的，如同孩子们的笑脸。我现在已经学会做奶豆腐奶皮子了呢，有时候，我会想，若是我没来草原，我会后悔一辈子吧。"

每年夏秋之际，是做奶豆腐的季节，我们的古人是充满智慧的，这个时节，草原上水草丰美，有了充足的奶源，奶源多了，就要想着如何去保存。奶豆腐的诞生，我想一定会与一位智慧的女子有关，也只有女孩儿才能安静地熬煮一锅牛奶，看着牛奶慢慢变成奶豆花，慢慢地过滤挤压成一块一块洁白如玉的奶豆腐，整个过程就是把抽象的生活一点一点地物化在眼前的过程，能把日子与希望实实在在地捧在手上、摆在眼前。

奶豆腐还有个名字叫"白食"，我很喜欢这个名字，名字中带着三分洁净，两分随意。做奶豆腐对于每个蒙古族家庭来说，都是一种富足与丰收的体现。夏末，一大桶的牛奶羊奶摆在蒙古包前，勤劳的主妇们就在其中加入引子发酵。过一天，将发酵的牛奶在大锅里熬煮，这时候，奶香会飘荡在大草原上，让你忍不住会放声歌唱。

奶豆腐可以分成生熟两种。一般生奶豆腐的做法，就是将大锅里发酵的牛奶熬煮变成老豆腐形状盛入特制的模子中，挤压成型后去掉水分，就成了一块一块洁白微黄的奶豆腐，在模子上面雕刻上美丽的花纹，这样做出的奶豆腐仿若一件精美的艺术品。若是熟的奶豆腐就要用鲜奶熬煮，取掉上面的奶皮子与酥油之后，剩下的奶渣过滤挤压去掉蕴含的水分，在模具中成形后放在阴凉处慢慢地晾干，这样可以长期贮存，便于牧民在其他季节放牧携带在身上，与炒米黄油一起泡着吃，非常解饿。

燕子还在信里说，她支教的小学里有好几家的牧民都遭遇了雪灾，牛羊受损很严重，学校的老师都去走访牧民，给孩子们补课，也用自己微薄的收入帮助孩子们买些生活用品。牧民们常常用自己特殊的方式来表达对老师们的感激，去上课的时候，老师们会在讲台上发现一小袋焦黄的炒米或者是一小块包在手绢里的奶豆腐。甚至会一大早在教室门口遇见孩子小手里捧着一把干奶酪给她，说是阿妈让带来给老师做早餐。

燕子说虽然这一年多里没有电脑，手机有时候信号都很弱，但却是她距离幸福最近的时候。

读着信，品尝着奶豆腐，竟然有种莫名的温暖袭上心头，这便是幸福的味道。

第十章
响如鹅掌味如蜜——10道素中荤香菌宴

味要浓厚，不可油腻；

味要清鲜，不可淡薄。

此疑似之间，差之毫厘，失以千里。

——袁枚《随同食单》

返璞归真烤松茸

　　《舌尖上的中国》里有这样一句话："高端的食材，往往只需要用最朴素的烹饪方式。"松茸当之无愧！

　　烤松茸，只用一点点黄油，一点点酱油就好，其他的词料会夺了松茸的味道。朵拉边说边把一盒新鲜的松茸放入购物车里。

　　朵拉是年薪三十万的小白领，她工作拼命，对吃，也是绝对不会有丝毫的马虎，买东西不看价格，只要不委屈自己娇嫩的胃口就好。

　　我不得不感叹，有人活着确实就是为了吃，忙碌工作五天，是为了周末两天的悠闲，她努力升职，是为了自己可以买给自己心仪的口红，随时吃到自己想吃的美味，不需要考虑要不要找一张长期饭票。当她拿起这盒松茸的时候，只是因为牛排店里的松茸不新鲜，而不用像我一样盯着价格看半天。新鲜松茸的保鲜期很短，只有两三天，松茸的香气会迅速消失，没有了珍贵的香气，松茸也就变成了一种平凡无奇的蘑菇而已。

　　松茸是菌菇里的王，所以必须昂贵，一盒子坐着飞机来的松茸是几盒菲力牛排的价格，配牛排，只是偶然地自贬身价，松茸本身的香气就足以傲视众生了。

　　物以稀为贵，当一切都可以在人建造的温室里繁殖，被人驯养的时候，松茸是绝世独立的，它生长在雪山的松林中，拒绝着尘世的温暖。在漫长的岁月里，松茸是寂寞的，所以时光很长，岁月很短，它的香气，它的傲气，都在默默之中积蓄着。

　　松茸的生长过程极为缓慢，一般要五六年才能采摘。五年，对于人来说或许仅仅是一段童年走过的路，但是对于松茸来说，是一生的渴望。

　　野生，是一种自由，也是一种高贵，松茸作为一种野生食用菌，一直受到食客的青睐，特别是受到海外市场的追捧。几年前，韩国电视剧《大长今》中，韩尚宫和崔尚宫争夺最高尚宫宝座的第3次较量，美丽的长今在困境中发挥创造极限，烹制出7道美食，赢得最终胜利，成为最好的御膳宫女。海鲜鲍鱼粥、荞麦卷饼、鱼片生菜、松茸烤牛排、伏龙肝烤嫩鸡、石锅凉菜拌饭、红枣打糕……皇太后看后目瞪口呆，其中尤以松茸烤牛排"打头阵"，在日韩等国家，松茸和上等牛肉是只有富贵人家才享用得起的美食。

　　松茸的生长，与当地人对环境的保护是分不开的，你赐我安居乐业，我护你此生周全。当地人利用采摘松茸来安居乐业，为了保证品质，伞盖已经打开的松茸，他们是不会采的，而且为了保护松茸，能够在以后继续采摘，还要把采过的地方用松针把菌坑掩盖好，只有这样，才不会破坏菌丝。淳朴的人们把松茸当成大自然对他们的馈赠，为了延续大自然的这份馈赠，祖祖辈辈都恪守着采摘松茸的山林规矩。

　　烤松茸，是要配红酒的。取出松茸，朵拉拿起一整套小银刀子，轻轻刮去根部少数的泥土，用纸巾一点一点擦拭干净。朵拉说，松茸是不能洗的，沾了水，香气也就散了。朵拉把融化的黄油用小毛刷子刷在一片一片的松茸上，摆入烤盘后放进已经预热的烤箱。五分钟后，打开烤箱，浓郁的香味一下子弥散在整个房间，浓郁、醇厚、淡雅、清新，仿佛都是，又仿佛都不是，或者说是所有味道的结合。除了松茸，我想不到还有哪一种蘑菇在这么简单地烘烤后能如此美味。而松茸，却只要这样简单，高贵或许本身就是一种仪式。

　　夹起一片松茸，沾一点点鱼生酱油，吃一片，品一口红酒，满满的幸福味道。

　　《舌尖上的中国》里有这样一句话："高端的食材，往往只需要用最朴素的烹饪方式。"松茸当之无愧！

那年那月冬菇汤

冬菇，因为有一种奇特浓郁的香味，所以很多地方也叫香菇，晒干泡发之后炖汤或者炒来吃，都会有一种特殊的荤菜香味，在二十世纪，香菇油菜、香菇肉片汤是比较奢侈的菜品了。

我去超市买了几朵冬菇，准备炖汤，小孩子说："不吃这个黑乎乎的东西。"我笑着说："这是冬菇呀，是大地的耳朵，春雷响的时候，想偷偷地钻出来听春姑娘说话呢，吃了冬菇，耳朵会特别听话哦。"小孩子瞪着天真的眼睛说："哦，是这样啊，我要耳朵特别听话。"

冬菇，因为有一种奇特浓郁的香味，所以很多地方也叫香菇，晒干泡发之后炖汤或者炒来吃，都会有一种特殊的荤菜香味，在二十世纪，香菇油菜、香菇肉片汤是比较奢侈的菜品了。

要说吃冬菇，还是上海人会吃，不会加入过多的配料，就是加上几枚枣和一勺冰糖，小火熬煮起锅后来点鸡精，入口清香，回味起来略带点甜味儿，好吃得不得了。

真会吃的食客，是不吃超市里卖的肥厚的鲜冬菇的，那种虽然肥嫩，但是炖出来味道则寡淡得很，时间长了会炖得没了滑嫩的感觉，吃在口里如同日久了的木头味儿。干香菇，在小火慢炖中会再次复活，那种被岁月贮藏了的香味就会散发出来，带着阳光的味道，带着雨露的味道，这些味道缓缓地在小火的熬煮下慢慢地一点一点地沁出来。

小时候，我在上海的小阿姨家住过一段时间，他们家天天都要吃冬菇汤，只记得那个爱穿旗袍的奶奶说，冬菇是素中肉，女人吃了可以美容养颜，孩子吃了可以耳聪目明。而且冬菇汤还可以预防感冒，所以即便是对黑乎乎的冬菇汤有种与生俱来的拒绝，我也慢慢地学会了喝，还喝出了几分鲜美，而且喝后确实很少感冒，不知道是不是香菇汤的功劳。

上海人对于炖汤讲究的就是原汁原味，小阿姨买回的冬菇都是野生的，冬菇一般清明前后就开始破土而出，乡下的阿婆采了回家晾晒干之后，才拿到集市上去卖，比商场里的香菇味儿纯正得多。将冬菇洗净放入炖盅，大枣是少不了的，老姜两片，炖汤水要一次加足，不泡发，用水炖，这是其中的诀窍，炖出的汤水是清甜的，香味也纯净得多。盖子一揭开，一眼望去，清可见底，温润的冬菇，朱红的枣子，清白滋润的汤水，都透着一股清雅的劲儿，能把一盏冬菇汤熬到这个份儿，也只有精致的人儿能办得到。

看着满头银发的老奶奶穿着旗袍端坐在红木椅子上，托着一盏汤，小心地品一口，就像是画上走下来的美人，举止之间优雅大方。

后来，我在北方也吃过多次冬菇，比如冬菇油菜，味道还是可以接受的。最难以接受的就是冬菇鸡汤，冬菇的香气完全被鸡汤给湮没了，用迟暮，用花椒桂皮八角草果，浓油赤酱地炖出来，那种香味儿是厚重的，是属于各种大料的，属于炖得浓浓的鸡汤，属于盘腿坐在坑桌旁、倒上半碗烧酒看着窗外大雪纷飞的汉子们的，唯独再也不属于冬菇，若真是用小碗端上来，还真会有点张飞绣花的感觉。

上海人精致，所以也只有上海人的冬菇汤，才是实实在在的冬菇的味道，香，且纯。

草原上的蘑菇圈

　　其实，我宁愿相信，蘑菇圈是草原之神的眷顾，这样会让我们对自然敬畏，对所生所长的环境心存感激。

　　雨后的辉腾锡勒草原，碧空如洗，远远望去，大草原就是一块硕大的绿色地毯，深深浅浅的绿色勾勒出了不同的花纹，若你是细心的，会发现远远的一圈一圈的白色的图案不知道是被谁悄悄编在了地毯上。

　　这时候最开心的就是孩子和女人们，挎着篮子，一起去撒野吧，若是不怕那雨后草叶子上的露珠沾湿了美丽的裙子，若不怕那整齐的发髻染上青草的香味，就跟小羊一样撒个欢儿，在草地上打个滚儿。

　　奔跑，朝着那一圈一圈的草地上的花纹奔去，走近一看呀，那不是花纹，那是草地捧出的宝石，那是大地生出的珍珠。俯下身子，看着那一粒一粒洁白的蘑菇围成一个整齐的晕圈，在悄悄地笑着闹着从草地上挨挨挤挤探出头来。

　　雨，是一场约会的序曲。

　　风，是一场邂逅的舞蹈。

　　蘑菇圈是属于大草原馈赠给她最爱的子民的珍宝，采摘回去加上羊肉炒，鲜香之味飘汤在整个草原上。哪怕就是穿在钎子上，在火上烤一下，撒上点精盐粒儿，也是清香扑鼻的一味地道的野餐。

　　在内蒙古，人们把蘑菇圈叫做仙人圈或者是仙人环，每当夏季雨过天晴，草地上便出现一个个神秘的圆圈，直径小则十米，大则上百米。周围的牧草呈现出深浅不同的颜色，仿佛古诗里写的，草色遥看近却无，这里的蘑菇圈遥看若珍珠闪闪，走近看，才会发现那圈子是由带着水珠的白蘑菇组成。

蒙古族人一直相信，蘑菇圈的形成是神的感召，是草原之神在冥冥之中的眷顾。每年下过雨后，草原上同样的地方就会生出新的蘑菇圈，这种天然野生白蘑，顶根粗壮，肉质鲜嫩，全身白色呈伞状，未张开之前所采集的幼蘑被称为"白蘑菇丁"，雨后的蘑菇生长得极快，若是不及时采摘会迅速衰老腐烂。刚生出的蘑菇都是洁白如玉，摘下炒来吃味道奇香，做汤却是脆爽滑嫩。过去，辉腾锡勒草原的蘑菇被人们晒干收集起来，大批地运到河北张家口，张家口成了蘑菇产品集散地，于是人们把它们称为"口蘑"，并不是指单一的某种蘑菇。

后来，我在书上看到了蘑菇圈的形成，其实是蘑菇真菌用孢子繁殖后代的结果。孢子在菌褶里成熟后，随风散落在枯草腐根中，长出菌丝后不停地向四周延展，在草原上形成了圆环状蘑菇圈。蘑菇圈会年复一年，随着菌丝不断向外延伸扩展，大的蘑菇圈外圈直径可达20米左右。如果直径超过百米，则"圈龄"至少有五六百年了，这样大的蘑菇圈在草原上也是很少见到的。

其实，我宁愿相信，蘑菇圈是草原之神的眷顾，这样会让我们对自然敬畏，对所生所长的环境心存感激。

茶树菇老鸭汤

出锅的茶树菇老鸭汤，肉的味道已经略显清淡，但是汤却鲜美甘甜。茶树菇已经是软糯无骨，老鸭肉入口即化，精华都已经熬煮到了汤水之中。喝一口，汤水是无比的诱人，一个字，鲜！

茶树菇，哪怕是名贵的生在油茶树根上的茶树菇，也是味同嚼蜡，干瘪得很。

我家吃茶树菇，一定要配上从老家带来的鸭子，老公说，若是没有遇上鸭子的茶树菇，就像是所托非意中人的女子，即便是嫁了他人，心里也是有几分凄然与不甘。茶树菇我很少吃到新鲜的，一般都是去超市选择盒装的烘干了的茶树菇，回家之后泡发，吃多少，泡多少，那汤水一定是不能浪费的，可以沉淀之后加在汤里，这样做出的汤水鲜美诱人。

吃货对食材的要求总是有一种接近于苛刻的固执，特别如我家先生这种的吃货兼大厨的人，更是执拗得可爱。我家先生自封为美食家、大厨、美食评论家，身兼数职，但是最受我与小儿欢迎的还是大厨这一身份，茶树菇老鸭汤则是他的保留曲目，每次拿出来都会赢得数次的欢呼与掌声。

茶树菇是先生的最爱，为此，他还专门写了一篇小文章，其实就是详细罗列出茶树菇的前世今生，以及如何与其他食材搭配才能美味绝伦、风华绝世。

茶树菇，又名茶薪菇。原为江西广昌境内高山密林地区茶树蔸部生长的一种野生蕈菌，也算得是山野仙踪之流，只是偶尔来人间布施一次，遇吃货一枚，产生深厚福缘。茶树菇是集高蛋白、低脂肪、低糖分、保健食疗于一身的纯天然无公害保健食用菌，野生的产量极少。茶树的生长范围有限，自然产量也不会多，但是人们对吃的追求是孜孜不倦的，目前，人工培养茶树菇工艺成功地从江西广昌扩大到了多个省份，而且经过优化改良的茶树菇，盖嫩柄脆，味纯清香，口感极佳，但是我家的吃货先生还是认为，只要是加以人工的东西，味道早已不似从前，犹如时过境迁的美人儿，终究是不复从前。

茶树菇老鸭汤，还是要选择野生茶树菇，若是没有则求其次。最好不用新鲜茶树菇，而是选择干制品，与其他少量干蘑菇一起泡发。

先生将洗净的老鸭去头、去尾、去爪、去内脏，斩成大块。在锅中倒入清水，大火煮沸后，放入鸭块略煮，待表面变色后捞出，将大葱洗净切段，姜洗净用刀拍散。把春笋剥去外层硬壳，切去老根，用刀背拍松后切成段，拍松的肉格外嫩，拍松的青笋汁水格外多。茶树菇老鸭汤的熬制一定要用砂锅，一个家庭中若是没有一只砂锅，不会煲汤，那日子就没有意思了。将泡发过滤后的蘑菇水，倒入砂锅中，再一次补入足够量的清水，大火煮沸后再放入鸭块、火腿片、葱段、姜块、茶树菇和蘑菇，盖上盖转文火炖三个小时。这期间你可以看看书，或者追个剧，不过对于大厨来说，还是端坐在厨房里盯着自己的锅子最幸福，三个小时后，放入青笋块，稍微炖煮，添加少许盐调味就可以了。

出锅的茶树菇老鸭汤，肉的味道已经略显清淡，但是汤却鲜美甘甜。茶树菇已经是软糯无骨，老鸭肉入口即化，精华都已经熬煮到了汤水之中。喝一口，汤水是无比的诱人，一个字，鲜！

优雅银耳莲子羹

　　银耳莲子羹中点缀着嫣红的枣子，莲子羹一定要用青花瓷碗盛出来，否则就辜负了那份洁净。簪着菊花的奶奶，垂着眼坐着，青花瓷的碗捧在她的手中，仿佛一幅画，清雅而明丽。

　　奶奶曾是大家小姐，只是在特殊的年代嫁给了我爷爷，贫穷困顿伴随了她一生。

　　在那个吃不饱穿不暖的年代，阔大精美的樟木箱子、楠木床，最后都被卖掉换成了一袋子玉米面或地瓜干来喂饱家里大大小小七八张嘴。困窘的奶奶很少说话，每天洗衣做饭，与一般的农村女子没有什么两样，只是依然保持着一种异常洁净的从容，奶奶喜欢在生日的时候吃一碗仪式感极强的银耳莲子羹。

　　曾经，很多人理解不了，奶奶为什么在生日的时候固执地一定要吃那一碗银耳莲子，因为这个，街上的女人们曾经笑话了爷爷大半辈子，只是爷爷不说话，每年都会买回一小把碎银耳和十几粒莲子和红枣，装在一个小布袋里，在生日那天交给奶奶。

　　银耳养在清水里泡发会变得晶莹剔透，将红枣洗干净尘土，莲子去掉其中苦涩的莲子芯，一切食材都在清水里养着。那天，奶奶会把自己头发盘成一个髻，从院子里摘一朵黄色小菊花簪在鬓边，一遍一遍地淘洗着成年不用的炖盅，淘洗着这些看上去很精致的食材。

　　银耳、莲子、红枣、养在有一汪清水锅里，盖上盖子，在黄泥炉子上开始熬煮，这一天，爷爷从不会说奶奶浪费捡来的煤核。奶奶穿着青布裰子，挽着雪白的袖口，端坐在炕上。砂锅在炉火的烘烤下发出快乐的噗噗声，屋子里被一种特殊的清香味缠绕，奶奶整个人都沉浸在一种虚无的状态之中。

银耳莲子羹点缀着嫣红的枣子，莲子羹一定要用青花瓷碗盛出来，否则就辜负了那份洁净。簪着菊花的奶奶，垂着眼坐着，青花瓷的碗捧在她的手中，仿佛一幅画，清雅而明丽。

奶奶端坐在土炕上，腰背笔直，拿着调羹一勺一勺地喝完这碗银耳莲子羹，小小一碗，奶奶却要喝很长时间，每一口都回味无穷。虽然我没见过这个画面，但是从父母和婶婶的描述中，我打心底里认为，奶奶原本就是绝世的美人，一种端庄典雅从她被岁月侵蚀的苍老不堪的面容下一点点地氤氲出来。

还没等到我长大，奶奶就重病在床，临终前奶奶要喝一碗莲子羹，伯父从就近的酒店里买了一碗端来，奶奶只喝了一口就摇摇头说，汤熬得太急躁了，怎么也不是那个味儿了。

那年，距离爷爷去世一年。

长大之后，我也学着给自己熬煮银耳莲子羹，闺蜜端着碗盘腿坐在沙发上大快朵颐，顺口溜一般念叨着：银耳美容养颜，莲子补血益气，每天来一碗，青春不老似神仙。我突然明白，奶奶为什么固执地一定要在生日喝一碗银耳莲子羹，那不是奢侈，而是在粗粝的生活中给自己一个与这个尘世温柔以待的决心，与过去的美好有着一种仪式感般的联系，不管生活予我以艰难还是困苦，我依然相信，岁月静好。

云南下饭菜油鸡枞

油鸡枞可以经久不坏，若是家里来客，一碟子油鸡枞便是很好的下酒菜了。

油鸡枞是云南的一道小菜，要说美味，比不上茶树菇，要是鲜嫩，比不上冬菇，但是要说下饭，就要数油鸡枞。

第一次吃油鸡枞是大学的宿舍里。

一个宿舍就是一个小世界，天南海北的孩子聚在一起，各地的美食小吃也就聚在了一起，今天吃马蹄烧饼，明天吃荔浦芋头，后天吃青岛虾酱，一学期吃下来每个人腰围都粗了三寸不止。吃完一圈后能够得到大家共同认可的，却是一小瓶子油鸡枞，虽不起眼，味道却是打败经典老干妈，在我们宿舍四年一直居于东方不败的地位。

在彩云之南，大自然无拘无束地纵容着自己的孩子恣意地生长，比如说鸡枞。六月的雨季一开始，鸡枞便开始积蓄力量，几场雨后，肥硕壮实的鸡枞就星罗棋布地出现在红壤山林的半坡上。刚长成的鸡枞，伞盖圆厚，质细丝白，仿佛一组一组的小伞在草地上招摇着。

雨过天晴后是采鸡枞的好时节，不过若是此时来采鸡枞，当地人一定会告诉你，千万不要大声说话，听老人说摘它的时候若是大声说话，会吓走鸡枞娘娘，鸡枞娘娘走之后，这片土地上就再也难以生出鸡枞了。鸡枞还有个名字叫做"三八姑"，据说只要你在一个地方找到一把，附近就一定还有两把。鸡枞这种菌类，味道极为鲜甜脆嫩，可与鲜嫩的鸡肉相媲美，所以才叫鸡枞。

鲜鸡枞味道鲜美，清香中透着甘甜，但不易保存。当地人就将其做成油鸡枞，这样保存的时间长，还适合馈赠外地的亲友。将鲜鸡枞采摘下来去泥洗净，顺杆斜刀切片，晾干水分。准备好干辣椒、花椒、八角等作料；热锅注入菜油，烧至起青烟，放入葱头后炝锅，再放入花椒、干辣椒、八角微炸；最后放入鸡枞，在小火上炸至鸡枞水分收干，黄而不脆后起锅，封入瓷坛内贮藏。这样做出来的油鸡枞可以经久不坏，若是家里来客，一碟子油鸡枞便是很好的下酒菜了。

油鸡枞的味道甜、香、麻辣，不仅可以作为下饭的小菜，也是一味做菜的好调料。我曾经吃过一次油鸡枞拌小青瓜，脆爽、麻辣，还有一种鸡枞特有的荤香，用室友的话说，这叫语言不可描述的异香。在记述云南风物特产的《滇南心语》《永昌府志》等书中，还提到一种与油鸡枞齐名的鸡枞油，二者制作方法虽略有不同，但在调味上有异曲同工之妙，将鲜鸡枞用盐腌制，蒸熟经存放后上面析出一层液体，将其收集起来，即成鸡枞油；或可将液体蒸干，做成鸡枞酱，做够代替酱豉，被称为滇中珍品。

每次云南的同学回来，自家做的油鸡枞是必须带的，若是遇上没胃口了，一勺子油鸡枞、一碗白米饭，大家都能吃得心花怒放，也可以在吐司片中间来上一勺子油鸡枞，中西合璧，比蛋黄酱沙拉酱要美味得多，单单是那份麻辣，就让寡淡的吐司瞬间提升了格调。

美味东北——小鸡炖蘑菇

两位，已过花甲之年的老爷子，守着一锅热气腾腾的小鸡炖蘑菇，三叔常常边说边眼圈发红，年轻离家，白发始回，人生最美好的岁月都留在了远处的那个他乡，而今，一切都变成了故乡般的思念。

小鸡炖蘑菇与酸菜猪肉粉条是东北菜系中的典型代表，三五好友，很适合大冬天盘腿坐在热乎乎的土炕上，一杯烧酒，酒过三巡，天文地理无所不谈。

东北的爷们豪爽，东北的菜也带着三分豪爽，菜都是用大铁锅盛放的，热乎乎地端上来，人们吃得头面通红，日子也热气腾腾。

小鸡炖蘑菇，用的蘑菇一定是野生的，而且一定要用榛蘑，细杆小薄伞的那种，若是单独成菜，或许会觉得味道比其他蘑菇要清淡一些，但是也正是这份清淡，才能最大程度地衬托出鸡肉的鲜香。

老家没出五服的三叔当年跟着人下东北，虽然置下了不小的家业，老了想的依然是落叶归根，带着三婶和大学刚毕业的小儿子回到故乡。他们把老房子盘了土炕、吊了顶棚，在后面半亩地大小的院子里还养了一大群小柴鸡，三叔说要与老兄弟们一起搓麻将度过余生。二十七八岁的小哥则红红火火地开启了自己的大厨生涯，在街口上开了一家东北菜馆，招牌菜就是小鸡炖蘑菇。

小鸡炖蘑菇的蘑菇一定要用东北的榛蘑，小哥说大哥二哥都在东北有根据地，可以保证充足的货源，味道纯正，如假包换。至于小鸡则是用本地的土鸡，三叔的后院就是土鸡养殖基地。跨越千山万水的榛蘑一来到三叔的后院，就被解封晾晒在硕大的竹匾里，三婶就开始戴着老花镜拣出里面的树叶杂草，晒干的榛蘑瘦小干瘪，拿到鼻端，闻到的也只是一种淡淡的若有若无的接近于中药的香味儿。

我曾经去后厨看过小哥在这三尺斗室里大展身手，锅灶就是他的战场，刀勺案板就是他的武器。小哥将榛蘑放入清水中一遍一遍地淘洗，去掉细小的碎草叶干树枝，将其养在清水里泡发。

现场宰杀，这场景我是不敢看的，所以忽略不计了。小哥把宰好的小公鸡洗净斩成块，入锅干炒，这一步是关键，一定要炒干，关火后倒入适量的二锅头焖上一刻钟，据说这是独门秘法，焖出的鸡肉不腥不柴。

焖好鸡肉后就需要换铁锅了，在锅中倒入油，葱姜炝锅，香味猛然袭来，再倒入鸡块翻炒。加水炖煮，一定要一次加足适量的水，然后依次在锅里加入酱油、花椒粉、冰糖，加盖大火炖30分钟左右，小鸡炖蘑菇便可上桌了。

不过，若是自家吃，可以再加上一把红薯粉条，这也是东北原生风味，随着榛蘑一起来的，但是属于私房秘制，绝不外卖。每次三叔跟父亲守着一锅子小鸡炖蘑菇的时候，我总是忍不住去蹭一顿，尤其喜欢那混着野生蘑菇和鸡肉浓郁香味的粉条，软糯有嚼劲，与三婶做的东北贴饼子是绝配。

两位已过花甲之年的老爷子，守着一锅热气腾腾的小鸡炖蘑菇，三叔常常边说边眼圈发红，年轻离家，白发始回，人生最美好的岁月都留在了远处的那个他乡，而今，一切都变成了故乡般的思念。

沁阳花菇

　　母亲做的花菇汤，不放油，一锅清水，滑嫩脆爽的花菇，配上糯糯的蛋花，加一点点淀粉糊胡椒粉精盐，出锅的时候再来上一点麻油，这味道足以让你捧着碗连喝三大碗。

　　新来的实习生是个秀气的小姑娘，每次说话的时候都会害羞般地笑一笑。

　　加班的时候，大家都会叫外卖，有一次我要了一份盖浇饭，一份花菇汤。花菇汤不怎么新鲜，能吃的出来是用真空包装的罐头花菇做出来的，我不由得感慨，这时候要是能喝一碗新鲜的花菇汤，也算是幸福的一件事了。

　　我比较喜欢母亲做的花菇汤，不放油，一锅清水，滑嫩脆爽的花菇，配上糯糯的蛋花，加一点点淀粉糊、胡椒粉、精盐，出锅的时候、再来上一点麻油，这味道足以让你捧着碗连喝三大碗。

　　隔了一个周末，上班的时候，在我的办公桌上竟然多了一个包裹，拆开后是一个硕大的保鲜盒，打开后装着满满一盒新鲜的花菇，还带着没有完全融化的冰袋，旁边还有一个精致的小瓶子，上面写着三个秀气的字：花菇酱。

　　对面的实习生有点羞涩地说："姐，你上周说想吃新鲜的花菇汤，我就给你带了一盒子花菇，这是我家里自己养的，还有一盒我们沁阳的花菇酱，拌面和米饭都好吃极了。"

　　沁阳，花菇之乡，据说这里是全国最适合生长花菇的地域。据《沁阳旧志》记载：清末时期，泌阳山区农民在该县的大铜山和马谷田山区的湿阴地带草丛中发现大量形状略像伞、大小不等的蘑菇，经过风吹日晒，表面呈现了规则花纹，可食用，便将此蘑菇称之"香菇蘑菇"和"香蘑菇"，即为现在的花菇（香菇）。在《驻马店通史·泌阳特产》中也有文字记载"泌阳盛产香菇，其中花菇质量为最优"。因此，在周围的地区便有了金菇、银菇不如泌阳的花菇这一说法。不过，这话一点也不假，河南泌阳花菇以其朵圆、肉厚、质细、色白、爆花自然、外形美观、口感脆嫩爽滑、味道鲜美而被誉为"菇中之皇"。

泌阳妹子说，在她们泌阳，夏天大雨之后，就能采到新鲜的野生花菇，带回家晚上餐桌上就能多出一道美味。新鲜的花菇除了做汤，炒来吃也是很下饭，不管是搭配肉，还是豆腐，哪怕就是清炒，只要加一点点蒜片，味道便清爽脆嫩。

将花菇用清水洗去根部的泥土，下到开水锅里汆一下，出了白沫儿之后捞出沥干水分。锅里底油可以宽一点，葱姜爆香，放入沥干的花菇快速翻炒，加入料酒、生抽、少许耗油、白胡椒粉、糖和盐，稍稍入味后就可以出锅了。我不喜欢加入味精，总是感觉花菇的香味已经很浓郁，若再加味精就有点画蛇添足了。

不过，鲜花菇如同其他蘑菇一样，不适合长期保存，聪明的泌阳人就让花菇脱胎换骨，用另外一种形式出现在人们的餐桌上，那就是花菇酱。在保持花菇原有的味道与营养的基础上，延长其保存的时间，更便于携带，不管是远道而来的客人，还是远离故土的游子，都可以随时随地品尝到花菇的美味。

晚上吃宵夜的时候，我给自己煮了一碗清水面，加了一大勺子花菇酱，竟然好吃得堪比老北京炸酱面，微辣、鲜香，只是少了黄瓜丝来搭配，略微有了一点点的遗憾。

海味燕窝猴头菇

> 鲁迅先生吃过他挚友曹靖华赠送的猴头菇，赞美它"味确很好"。

近几年，猴菇饼卖得很火热，我一直不解，这被誉为八珍之一的猴头菇，什么时候成了中西合璧的点心配料了呢，作配料有种大家小姐下嫁穷书生的惋惜。

前不久和朋友聚餐，当一盘猴头菇端上来的时候，在座的一位年龄比较大的阿姨突然双掌合十念了句"阿弥陀佛"。我们不由得一愣，她笑着说，有了这道菜，少了多少杀戮呢。细细一思量，大家都不由得笑了，确实如此。

在我国古代就有"山中猴头，海味燕窝"之说，把猴头与鱼翅、熊掌、燕窝并列，誉为四大名菜，而且猴头这道菜相比其他三种奇珍更受欢迎的原因就是猴头菇是天地精华凝结而成的素食，不存在杀戮血腥之气，带着一股山中隐士的高洁气质。在鲁迅先生的文章中也曾看到过猴头菇的影子，据说鲁迅本人吃过他挚友曹靖华赠送的猴头菇，也是赞美它"味确很好"。

吉林省的海林市是我国有名的猴头菇之乡，在那里，我第一次品尝到了野生的猴头菇。朋友家不远处就是一片森林，麻栎、山毛栎、栓皮栎粗壮高大，有的能有我们两人合抱粗，远远看去，如同森林巨人在俯瞰着我们，在这里，我们渺小得如同一只蝼蚁，心里会不由自主地对大自然生出几分敬畏。

朋友介绍说猴头菇一般是生长在枯死麻栎、山毛栎、栓皮栎、青刚栎、蒙古栎和胡桃科的胡桃倒木及活树虫孔中，悬挂于枯干或活树的枯死部分。顾名思义，猴头菇的外形是像极了猴头的，实体圆而厚，新鲜时白色，远远望去颇似金丝猴头，故称"猴头菇"，捧在手里又像一个微型的小刺猬，故又有"刺猬菌"之称。猴头菌是鲜美无比的山珍，菌肉鲜嫩，香醇可口，有"素中荤"之称。新鲜的猴头菇可以素炒，也可以与肉类同炒，但是我更倾向于素炒，因为新鲜的猴头菇厚实、脆嫩，咬在口中带有弹性，若是炖汤则对不住这份鲜嫩了。

朋友的母亲曾做过一道素炒猴头菇，使用的鲜嫩猴头菇，就是从山后的林子采来的野生猴头菇。猴头菇清洗之后用手撕成一条条，老太太说，这水灵灵的菜呀，能不用刀切的就尽量不用，沾染了这些钢铁之后的菜都会失了新鲜的味道。将超市买回的香干子切成筷子粗细的条备用。热锅凉油，鲜嫩的猴头菇下锅翻炒煸软之后，迅速倒入香干子略炒，滴上几滴蚝油，加入几条榨菜丝，撒上少量白胡椒粉精盐，便可出锅。炒熟后盛在盘子里，黑白分明，点缀翠绿的榨菜丝，不说味道，单单是这色彩就让人垂涎欲滴。

后来，我在酒店里吃到一道猴头菇炖母鸡，汤色金黄，浓香馥郁，比起清炒之后的味道更多了一份华丽，问了之后才知道，这是用干的猴头菇泡发后清炖的，味道比鲜嫩的猴头菇醇一些。

东北的朋友说，这道菜适合配烧刀子，有种宝刀赠英雄的大气。

绍兴蘑菇黑市耳炖素鸡

　　蘑菇黑木耳炖素鸡是一道很受欢迎的经典绍兴素菜，其中素鸡过油炸一下，再与黑木耳蘑菇一起烧，素鸡香酥软糯，且吸收了蘑菇木耳的香味，用来下酒或者是配饭都是极适合的。

　　绍兴多酒馆，小时候学习鲁迅先生的文章《孔乙己》的时候，我就产生了这样一种奇怪的想法。在那古旧的老街上，隔不远，就会飘摇着一面青灰色酒旗，上面写着一个斑驳的酒字，若是你不经意间走进，就会看到一个穿着长衫的男子从里面走出来，口中慢慢地念叨着之乎者也。

　　绍兴菜讲究原汁原味，不如鲁菜的味道厚重，又比粤菜的清白素淡多了几分艳丽，哪怕是一道素菜，也会烧得形色俱美，配着绍兴酒，吃十分惬意。

　　蘑菇黑木耳炖素鸡是一道很受欢迎的经典绍兴素菜，其中的素鸡过油炸一下，再与黑木耳蘑菇一起烧，素鸡香酥软糯，且吸收了蘑菇木耳的香味，用来下酒或者是配饭都是极适合的。

　　素鸡，其实是一种源自福建的豆制品，以素仿荤，做得好的素鸡口感和味道与原肉都难以分辨，所以很多吃素的馆子里都会将此作为招牌菜。常见的素鸡多以豆腐皮作主料，卷成圆棍形，捆紧煮熟，可以单独成菜，也可以与其他菜品搭配烧来吃。

　　在江南的一些馆子里，我也曾见过将其做成鱼形、虾形，甚至做成的形状，主要口味为咸鲜。不过我一直私下以为，既然是素鸡，何必去受形状的制约呢，若是要吃鸡肉何必局限于一个素字，本可以去心安理得去切上一盘子白斩鸡，吃个不亦乐乎。

家里的伯母曾在绍兴住过一段日子，对这道菜情有独钟，回来后竟然也能做得有模有样。家里节日聚餐的时候她都会大显身手，这道菜也颇得我们这些儿孙辈的喜欢。黑木耳蘑菇炖素鸡选用的蘑菇一般都是新鲜的口蘑或者是冬菇，这两种蘑菇经得住炖煮，吸收了汁水之后丰腴饱满，咬在嘴里滑润爽口。将木耳放在清水里泡开了，择去根部细微的木渣，这时候要多换几次水，水越清越好。素鸡最好是原味的，将其切成滚刀块，入锅炸一下，外皮酥脆即可，这时候我喜欢拈一块吃，酥酥脆脆的，而且味道清淡不腻。配菜可以加点莴笋或者是胡萝卜，色泽清丽，营养丰富。

材料备齐之后，另起一油锅，伯母开始按顺序依次放入胡萝卜、蘑菇煸炒，这时候要用大火快炒，很容易炒出香味，而且维生素流失也少。接着放入素鸡、黑木耳、一大碗水，再加少许老抽上色，若是不喜欢老抽浓重的颜色可以加入少量黄豆酱油。加盖后烧一刻钟或者更长的时间，将素鸡烧透，就可以装盘了。

伯父是个很有些情趣的读书人，他会用伯母炒菜剩下的一小块儿胡萝卜头儿用水果刀刻出一朵小巧的牡丹花儿，花瓣儿俯仰成趣，花心里还加上一粒青翠的葡萄。这道菜端上来之后，大家直呼压轴的大菜上来了，鸡鸭鱼肉都在瞬间黯然失色。

这道蘑菇黑木耳炖素鸡是绍兴酒的绝配。伯父和父亲喜欢花雕，伯母和母亲喜欢喝一小盅女儿红，比手指肚儿大一点的小杯子，装了黄酒格外有种婉约的风韵。我们姐妹几个偶尔会喝上一壶"香雪"，其实，绍兴酒都是黄酒，度数低，喝得微醺后说话才更恣意。